高等职业教育产教融合特色系列教材·汽车类

新能源汽车电机及控制系统检修

主　编　谭妍玮　韩　超　于志刚
副主编　王从明　余　东　陈　佳

北京理工大学出版社
BEIJING INSTITUTE OF TECHNOLOGY PRESS

内 容 简 介

电机作为新能源汽车的三电之一，是车辆行驶过程中的主要执行机构，其核心技术决定了新能源汽车的性能。

《新能源汽车电机及控制系统检修》包含新能源汽车驱动电机、电机控制器、减速机构和热管理系统的结构与检修等内容。采用任务导入模式，根据企业具体的工作过程及职业技能要求选取典型任务。本书配套了相关的信息化教学资源，使内容的呈现形式更加丰富，更具灵活性；配备了任务工单，任务工单对应每个学习任务。本书注重知识传授、能力培养与价值引领的同步，培养学生的职业意识和工匠精神，帮助其树立正确的价值观和职业道德。

本书内容分为新能源汽车电机概述、新能源汽车电机结构与检修、电机控制器结构与检修、驱动电机减速机构结构与检修、驱动电机热管理系统结构与检修等五大项目十八个任务，读者可根据实际情况进行学习。

版权专有　侵权必究

图书在版编目（CIP）数据

新能源汽车电机及控制系统检修／谭妍玮，韩超，于志刚主编．－－北京：北京理工大学出版社，2024.2（2024.8 重印）
ISBN 978-7-5763-3647-4

Ⅰ.①新… Ⅱ.①谭… ②韩… ③于… Ⅲ.①新能源-汽车-驱动机构-控制系统-车辆修理 Ⅳ.
①U469.703

中国国家版本馆 CIP 数据核字（2024）第 046784 号

责任编辑：陈莉华	文案编辑：李海燕
责任校对：周瑞红	责任印制：李志强

出版发行	/ 北京理工大学出版社有限责任公司
社　　址	/ 北京市丰台区四合庄路 6 号
邮　　编	/ 100070
电　　话	/（010）68914026（教材售后服务热线）
	（010）63726648（课件资源服务热线）
网　　址	/ http：//www.bitpress.com.cn
版 印 次	/ 2024 年 8 月第 1 版第 2 次印刷
印　　刷	/ 三河市天利华印刷装订有限公司
开　　本	/ 787 mm×1092 mm　1/16
印　　张	/ 12
字　　数	/ 275 千字
定　　价	/ 42.00 元

图书出现印装质量问题，请拨打售后服务热线，负责调换

前　言

随着社会的发展，汽车保有量越来越多，汽车给人们生活和出行带来便利的同时也引发了能源紧缺和环境污染等问题。新能源汽车是近些年发展起来的采用非常规的车用燃料作为动力来源，具有新技术、新结构的汽车，新能源汽车在一定程度上可以节约资源，减少环境污染，具有广阔的发展前景。电机及控制系统作为新能源汽车的核心部件，是车辆行驶过程中的主要执行机构，决定了整车的关键性能。

本书包含新能源汽车电机、电机控制器、减速机构和热管理系统的结构与检修等内容。采用任务导入模式，根据企业具体的工作过程及职业技能要求选取典型任务。配套相关的信息化教学资源，使内容的呈现形式更加丰富，更具灵活性，同时配备任务工单，任务工单对应每个学习任务。本书注重知识传授、能力培养与价值引领的同步，培养学生职业意识和工匠精神，使其树立正确的价值观，具备良好的职业道德。

本书内容分为新能源汽车电机概述、新能源汽车电机结构与检修、电机控制器结构与检修、驱动电机减速机构结构与检修、驱动电机热管理系统结构与检修等五大项目十八个任务，教学中可根据实际情况取舍。

由于汽车技术发展迅速和编者水平有限，书中难免存在错误和疏漏之处，恳请广大读者批评指正。

编　者

目 录

项目一　新能源汽车电机概述 ································· 1

　任务1　电磁学基础知识 ···································· 2
　任务2　新能源汽车电机基础知识 ···························· 9
　任务3　高压电驱系统的组成与识别 ························· 25

项目二　新能源汽车电机结构与检修 ··························· 37

　任务1　交流异步电机结构与工作原理 ······················· 38
　任务2　永磁同步电机结构与工作原理 ······················· 51
　任务3　其他类型电机结构与工作原理 ······················· 61
　任务4　驱动电机系统维护与保养 ··························· 73
　任务5　驱动电机的检修与更换 ····························· 83

项目三　电机控制器结构与检修 ······························· 95

　任务1　电机控制器的结构与工作原理 ······················· 96
　任务2　电机控制器的检修 ································ 107
　任务3　IGBT的检测 ····································· 113
　任务4　转角位置传感器的检测 ···························· 123
　任务5　DC/DC变换器的结构与工作原理 ···················· 133
　任务6　高压互锁与绝缘检测 ······························ 141

项目四　驱动电机减速器结构与检修 ································· 155

　　任务 1　驱动电机减速器的结构与原理 ······················· 156
　　任务 2　驱动电机减速器的检测 ································· 161

项目五　驱动电机热管理系统结构与检修 ························· 169

　　任务 1　驱动电机热管理系统结构与原理 ···················· 170
　　任务 2　驱动电机热管理系统检修 ······························ 179

参考文献 ··· 186

项目一

新能源汽车电机概述

在新能源汽车产业蓬勃发展的今天，新能源汽车研发技术不断提高。电池、电机、电控成为新能源汽车的三大件，决定着新能源汽车的工作。电机作为电动汽车的核心直接决定了新能源汽车的爬坡、加速、最高时速等关键性能指标。本项目围绕驱动电机电磁学基础知识、电机的参数、电机的分类、电机的发展趋势等内容进行学习。

任务 1　电磁学基础知识

任务目标

知识目标
（1）掌握电磁学基本概念；
（2）理解电磁学相关原理和基本现象。

能力目标
（1）能够运用电磁学基本原理；
（2）具备一定的分析和解决电磁学问题的能力。

素养目标
（1）培养学生科学精神、创新意识；
（2）激发学生对新能源行业的兴趣。

任务描述

小张在 4S 店工作，有客户想要了解电机的工作原理，小张若要详细地讲解电机是如何工作的，应该准备哪些电磁学基本理论呢？

知识链接

电动机是将电能转换为机械能的装置，广泛应用于各个领域，如工业生产、交通运输、家用电器等。从能量角度看，电动机是一种机电能量转换装置，电动机借助内部电磁场将输入的电能转换为机械能输出，因此电磁场在电动机内部起到相当重要的作用。电磁场是电机学的基础，它描述了电荷和电流所产生的力场现象。为了熟悉和掌握电机的运行理论与特性，就必须首先了解有关电磁学的基本知识与电磁学定律。

1. 磁的基本概念

（1）磁体及性质。

磁体是指具有磁性的物体。磁体分为永磁体和软磁体。永磁体是指能够长期保持其磁性的磁体，永磁体是硬磁体，不易失磁，也不易被磁化，永磁又分为天然磁铁和人造磁铁。软磁体易被磁化，被磁化后，磁性也容易消失。磁体的形状有条形、马蹄形、环形和磁针等。

磁体两端磁性最强的部分称为磁极。可以在水平面内自由转动的磁针，静止后总是一个磁极指南，另一个指北。指北的磁极称为北极（N），指南的磁极称为南极（S）。任何磁体都具有两个磁极，而且无论把磁体怎样分割总保持有两个异性磁极。

磁体与磁极如图 1-1-1 所示。

与电荷间的相互作用力相似，当两个磁极靠近时，它们之间也会产生相互作用的力：

同名磁极相互排斥，异名磁极相互吸引。

(2) 磁场与磁感线。

1) 磁场。

在磁体周围的空间中存在着一种特殊的物质——磁场。磁极之间的作用力通过磁场进行传递。

2) 磁感线。

磁场的分布常用磁感线来描述。磁感线又叫磁力线，是描述磁场分布的一些曲线，曲线上每一点的切线方向都和这点的磁场方向一致。磁感应强度的方向与该点的磁力线切线方向相同，其大小与磁力线的密度成正比。

常见磁体的磁感线如图 1-1-2 所示。

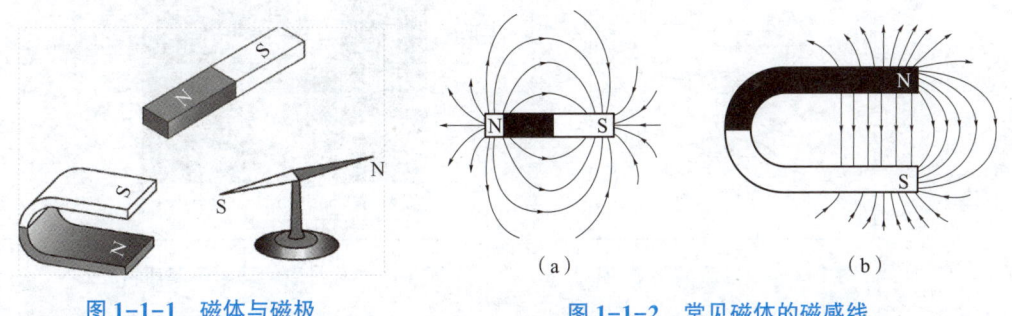

图 1-1-1　磁体与磁极

图 1-1-2　常见磁体的磁感线

(a) 条形磁铁；(b) 蹄形磁铁

(3) 磁感应强度。

磁感应强度是指描述磁场强弱和方向的物理量，是矢量，常用符号 B 表示，国际通用单位为特斯拉（符号为 T）。磁感应强度也被称为磁通量密度或磁通密度。在物理学中，磁场的强弱使用磁感应强度来表示，磁感应强度越大表示磁感应越强。磁感应强度越小，表示磁感应越弱。

(4) 磁通量。

在磁感应强度为 B 的匀强磁场中，有一个面积为 S 且与磁场方向垂直的平面，磁感应强度 B 与面积 S（有效面积 S，即垂直通过磁场线的面积）的乘积，叫作穿过这个平面的磁通量，简称磁通（Magnetic Flux）。它是标量，符号 Φ。

通过某一平面的磁通量的大小，可以用通过这个平面的磁感线的条数的多少来形象地说明。在同一磁场中，磁感应强度越大的地方，磁感线越密。因此，B 越大，S 越大，磁通量就越大，意味着穿过这个面的磁感线条数越多。过一个平面若有方向相反的两个磁通量，这时的合磁通为相反方向磁通量的代数和（即相反合磁通抵消以后剩余的磁通量）。

磁通量如图 1-1-3 所示。

2. 电磁感应

(1) 电流的磁效应。

1) 定义。

奥斯特发现，任何通有电流的导线，都可以在其周围产生磁场，这一现象称为电流的磁效应。

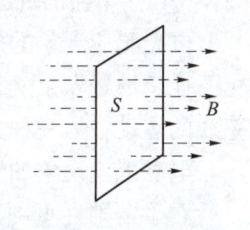

图 1-1-3　磁通量

2) 通有电流的长直导线周围产生的磁场。

在通电流的长直导线周围,会有磁场产生,其磁感线的形状为以导线为圆心一封闭的同心圆,且磁场的方向与电流的方向互相垂直。

电流的磁效应如图 1-1-4 所示。丹麦物理学家奥斯特（Hans Christian Oersted）如图 1-1-5 所示。

图 1-1-4　电流的磁效应 　　图 1-1-5　丹麦物理学家奥斯特

3) 安培定则。

表示电流和电流激发磁场的磁感线方向间关系的定则。

通电直导线中的安培定则（见图 1-1-6）（安培定则一）：用右手握住导线,大拇指指向电流的方向,其余四指所指的方向,即为磁力线的环绕方向。

通电螺线管中的安培定则（见图 1-1-7）（安培定则二）：右手握住线圈,四指弯曲方向与电流方向一致,大拇指所指的那一端是通电螺线管的 N 极。

图 1-1-6　通电直导线中的安培定则 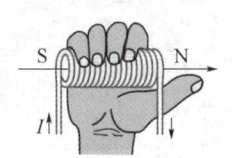　　图 1-1-7　通电螺线管中的安培定则

(2) 电磁感应现象。

电磁感应又称磁感应现象,是指闭合电路的一部分导体在磁场中作切割磁感线运动,导体中产生电流的现象,产生的电流称为感应电流,产生感应电流的电动势称为感应电动势。

电磁感应现象的产生条件有两点：一是闭合电路；二是穿过闭合电路的磁通量发生变化。让磁通量发生变化的方法有两种：一种方法是让闭合电路中的导体在磁场中做切割磁感线的运动；另一种方法是让磁场在导体内运动。

电磁感应现象如图 1-1-8 所示。

右手定则（见图 1-1-9）：

右手平展，使大拇指与其余四指垂直，并且都跟手掌在一个平面内。把右手放入磁场中，若磁力线垂直进入手心（当磁感线为直线时，相当于手心面向 N 极），大拇指指向导线运动方向，则四指所指方向为导线中感应电流的方向。

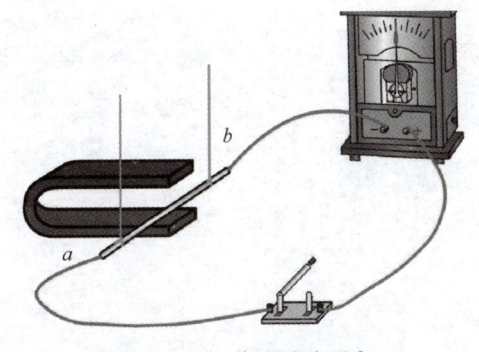

图 1-1-8 电磁感应现象

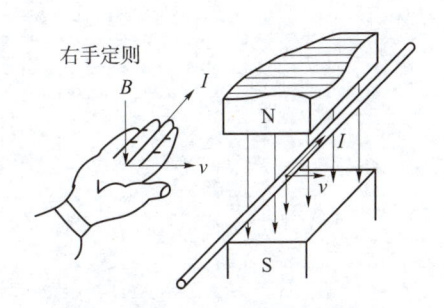

图 1-1-9 右手定则

电磁感应现象是电磁学中最重大的发现之一，它揭示了电和磁现象之间的相互联系。法拉第电磁感应定律的重要意义在于：一方面，依据电磁感应的原理，人们制造出了发电机，使电能的大规模生产和远距离输送成为可能；另一方面，电磁感应现象在电工技术、电子技术以及电磁测量等方面都有广泛的应用，人类社会从此迈进了电气化时代。

（3）通电导体在磁场中的安培力。

安培力是通电导线在磁场中受到的作用力。为纪念安培在研究磁场与电流的相互作用方面的杰出贡献，人们把通电导线在磁场中受的力称为安培力。

安培力方向的判断采用左手定则（见图 1-1-10）。伸开左手，使拇指与其余四个手指垂直，并且都与手掌在同一个平面内，让磁感线从掌心进入，并使四指指向电流的方向，这时拇指所指的方向就是通电导线在磁场中所受安培力的方向。

电流为 I、长为 L 的直导线，在匀强磁场 B 中受到的安培力大小为 $F=ILB\sin(I,B)$，其中 (I,B) 为电流方向与磁场方向间的夹角。安培力是磁场对电流的作用力，其作用点可等效于导体的几何中心处。

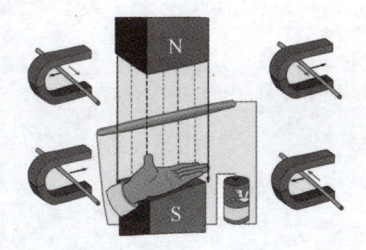

图 1-1-10 左手定则

安培力做功的实质：

起传递能量的作用，将电源的能量传递给通电直导线，而磁场本身并不能提供能量，安培力做功的特点与静摩擦力做功相似。

安培力的重要意义在于：一方面进一步指出了电与磁的相互联系；另一方面是应用价值，电动机的工作原理就是基于安培力。

任务工单

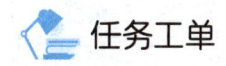

工单 1　电磁学基础知识

学生姓名		班级		学号	
实训场地		日期		车型	
任务要求	能描述电磁学基本理论				
相关信息	（1）如图所示，图中显示的是_____实验，它证明了通电导体周围会产生_____。 （2）闭合电路的一部分导体在磁场中做_____运动时，导体中就会产生电流，这种现象叫做_____，产生的电流叫做_____。 （3）用_____手握住通电螺线管，使四指弯曲的方向与电流方向一致，那么大拇指所指的那一端就是通电螺线管的 N 极。 （4）均匀磁场中，_____等于磁感应强度 B 与垂直于磁场方向的面积 S 的乘积。 （5）产生感应电流的两个条件分别是： _____ _____				
计划与决策	请根据任务要求，确定所需要的场地和物品，并对小组成员进行合理分工，制订详细的工作计划。 1. 人员分工 小组编号：_____，组长：_____ 小组成员：_____ 我的任务：_____ 2. 准备场地及物品 检查并记录完成任务需要的场地、设备、工具及材料。 （1）场地。 检查工作场地是否清洁及存在安全隐患，如不正常，请汇报老师并及时处理。 记录：_____ _____ _____ （2）设备及工具。 检查防护设备和工具：_____ _____ 记录操作过程中使用的设备及工具：_____ _____				

续表

计划与决策	（3）安全要求及注意事项。 1）实训汽车停在实训工位上，没有经过老师批准不准起动，经老师批准起动，首先应检查车轮的安全顶块是否放好，手制动是否拉好，排挡杆是否放在 P 挡（A/T），车前是否没有人； 2）禁止触碰任何带安全警示标示的部件； 3）当拆卸或装配高压配件时，需断开 12 V 电源，并进行高压系统断电； 4）在安装和拆卸过程中，应防止制动液、冷却液等液体进入或飞溅到高压部件上； 5）实训期间禁止嬉戏打闹。 3. 制订工作方案 根据任务，小组进行讨论，确定工作方案（流程/工序），并记录。 _____ _____ _____
实施与检查	（1）找出动力电池到驱动电机之间的电路，并画出简图。 _____ _____ _____ （2）介绍驱动电机在工作过程中运用的电磁学理论。 _____ _____ _____
评估	（1）请根据自己任务完成的情况，对自己的工作进行自我评估，并提出改进意见。 _____ _____ （2）评分（总分为自我评价、小组评价和教师评价得分值的平均值）。 自我评价：_____ 小组评价：_____ 教师评价：_____ 总　　分：_____

任务 2　新能源汽车电机基础知识

任务目标

知识目标
（1）掌握电机的定义与分类；
（2）理解电机的性能参数；
（3）了解新能源汽车驱动电机的现状与发展趋势。

能力目标
（1）掌握新能源汽车对驱动电机的性能要求；
（2）能识别各类电机；
（3）能描述电机型号的含义。

素养目标
（1）培养学生爱岗敬业，恪尽职守的职业态度；
（2）培养学生精益求精的工匠精神；
（3）培养学生热爱思考，不断探索的品质。

任务描述

小王作为某电动汽车品牌 4S 店的技术人员，现有客户咨询电机的类型，小王应该如何解答呢？

知识链接

1. 驱动电机的定义

电机是电能与机械能相互转换的一种电力元器件。新能源汽车驱动电机，也称动力电机、驱动电动机。

当电能转换成机械能时，电机表现出电动机的工作特性。新能源动力汽车的电动机能将电能转换为机械能并通过传动系统将机械能传递到车轮，驱动车辆行驶。

当机械能转换成电能时，电机表现出发电机的工作特性。大部分电动汽车在刹车制动的状态下，机械能将被转化成电能，通过发电机来给电池回馈充电。

驱动电机如图 1-2-1 所示。

电动汽车驱动电机及其控制系统是电动汽车的心脏，它负责给整车提供驱动力，是新能源汽车驱动系统的核心部件之一，是电动汽车行驶的主要动力装置。驱动电机可向外输出转矩，驱动汽车前进后退，同时也可以作为发电机发电（例如，在高坡下滑、高速滑行以及制动过程中把势能或者动能通过电机转化成电能）。驱动电机系统的特性决定了电动汽车的主要性能指标，直接影响电动汽车的动力性、经济性以及驾乘体验。

驱动电机及电机控制器如图 1-2-2 所示。

图 1-2-1　驱动电机

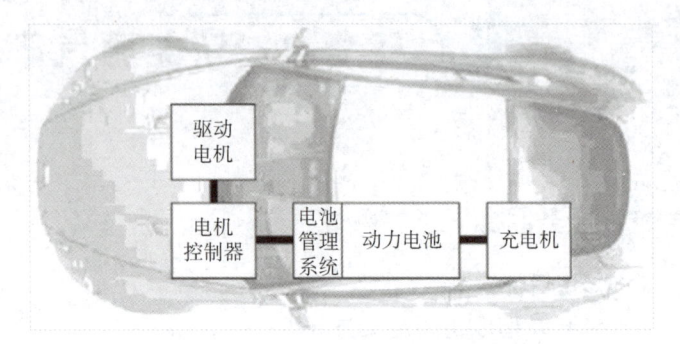

图 1-2-2　驱动电机及电机控制器

2. 电机的性能参数

新能源汽车驱动电机的技术参数直接关系到汽车的综合性能和市场价值，对于新能源汽车的研发和生产具有重要的意义。其主要包括以下几个方面。

（1）电机的额定工作电压。

电机在正常工作下所需要的电压。

（2）电机的额定电流。

电机在额定工作点运行时所消耗的电流。

（3）电机的额定转速。

电机在额定工作点运转时的转速。通常用转每分钟（r/min）或弧度每秒（rad/s）来表示。驱动电机的转速范围决定了汽车的运行效率和续航里程。适当提高转速范围可以提高汽车的运行效率和续航里程。

（4）起动转矩。

电机起动时所产生的旋转力矩。与之对应的电流称为起动电流。

（5）额定负载转矩。

电机在额定电压、额定转速时输出的转矩。使用时应留有一定的余量。

（6）堵转转矩。

电机在额定电压下，加在输出轴上的，最终使电机停转的转矩。

（7）电机的功率。

电机的功率由转速和转矩决定。驱动电机的功率决定了汽车的加速能力和最高车速。

$$输出功率\ P(kW) = 转矩\ T(N·m) \times 转速\ n(r/min)/9\,550$$

（8）电机的效率。

电机内部功率损耗的大小用效率来衡量，输出功率与输入功率的比值称为电机的效率。通常用百分比（%）来表示。驱动电机的效率决定了汽车的能耗和续航里程。通常来说，电机的效率越高，汽车的能耗越低，续航里程越远。但过高的效率要求，将使电机的成本增加。

（9）转动惯量。

具有质量的物体维持其固有运动状态的一种性质，转动惯量的大小直接影响电机的响应速度。转动惯量越大电机响应越慢，转动惯量越小电机响应越快。

（10）功率密度。

电机每单位质量所能获得的输出功率值，功率密度越大，电机的有效材料的利用率就越高。

（11）功率因数。

指电机的功率因数，它反映了电机输入电能和输出机械功率之间的关系。功率因数越高，表示电机的效率越高。

（12）绝缘等级。

指电机的绝缘等级，反映了电机的绝缘性能。

（13）质量和体积。

驱动电机的质量和体积也是技术参数之一。较轻的电机可以降低汽车的整体质量，提高能源利用率和续航里程。同时，较小的体积可以减少电机的空间占用，提高汽车的舒适性和乘坐空间。

3. 新能源汽车对驱动电机的性能要求

新能源汽车中的燃料电池汽车、混合动力汽车和纯电动汽车三大类都要用电机来驱动车轮行驶，选择合适的电机是提高各类电动汽车性价比的重要因素，因此研发或完善能同时满足车辆行驶过程中的各项性能要求，并具有坚固耐用、造价低、效能高等特点的电机极其重要。

驱动电机作为电机驱动系统的动力源，其性能好坏对电动汽车动力性及安全舒适性有影响。与一般工业用电机不同，电动汽车在使用过程中经常会遇到起动、加减速、爬坡和停止等。驱动电机为了满足电动汽车在不同工况下的性能，用于汽车的驱动电机应具有调速范围宽、起动转矩大、后备功率高、效率高的特性，此外，还要求可靠性高、耐高温及耐潮、结构简单、成本低、维护简单、适合大规模生产等。未来我国电动汽车用驱动电机系统将朝着永磁化、数字化和集成化方向发展。具体新能源汽车对驱动电机的性能要求如下：

（1）结构紧凑、尺寸小。纯电动汽车的整车布置空间有限，因此要求电机的结构尽量紧凑，便于安装布置。

（2）质量轻，以减轻车辆的整体质量。应尽量采用铝合金外壳，以减轻整车的质量，保证新能源汽车行驶的便捷性，有助于提高整车的可控变速范围，同时转速要高，增加电机与车体的适配性，扩大车体可利用空间，从而提高乘坐的舒适性。

（3）可靠性高、失效模式可控，以保证乘车者的安全。电机能够在恶劣的条件下可靠工作，所以电机应具有较高的可靠性和耐腐蚀性，并且能够在较恶劣的条件下长期使用。

（4）调速范围宽。在恒转矩区，要求低速运行时具有大转矩，以满足电动汽车起动和爬坡的要求；在恒功率区，要求低转矩时具有高的速度，以满足电动汽车在平坦的路面能够高速行驶的要求。

（5）瞬时功率大，过载能力强。保证电机具有 4~5 倍的过载能力，以满足短时内加速行驶与最大爬坡的要求。

（6）电机应在整个运行范围内，具有很高的效率，以提高一次充电的续驶里程。新能源汽车最为关键的就是其续航能力，电机应在保证其运转安全的前提下，将电力能源利用率有效提高，为保证新能源汽车的行驶里程提供动力支持。

（7）电机应能够在汽车减速时实现再生制动，将能量回收并反馈给蓄电池，使得电动汽车具有最佳能量的利用率。

（8）环境适应性好。要适应汽车本身行驶的不同区域环境，即使在较恶劣的环境中也能够正常工作，应具有良好的耐高温、耐潮湿性能。

（9）其他。结构简单、价格低廉、适合大批量生产，运行时噪声低，使用维修方便。

4. 发展现状与趋势分析

（1）电机技术发展现状。

从行业配套来看，新能源乘用车主要使用的是交流感应电机和永磁同步电机。其中，永磁同步电机使用较多，因其转速区间和效率都相对较高，但需要使用昂贵的永磁材料钕铁硼；部分欧美车型采用交流感应电机，主要因为稀土资源匮乏，以及出于降低电机成本考虑。交流感应电机的劣势主要是转速区间小，效率低，需要性能更高的调速器以匹配性能。

随着新能源汽车市场的迅猛发展，驱动电机市场空间巨大，吸引了众多企业和资本的进入。国内外典型驱动电机企业的永磁同步电机参数比较如表1-2-1所示。整体来看，我国驱动电机取得了较大进展，已经自主开发出满足各类新能源汽车需求的产品，部分性能指标已达到相同功率等级的国际先进水平。但是在峰值转速、功率密度及效率方面与国外仍存在一定的差距。

表1-2-1 国内外典型驱动电机企业的永磁同步电机参数比较

企业	峰值功率/kW	值扭矩/(N·m)	峰值转速/(r·min^{-1})	冷却方式
巨一自动化	20	120	5 000	自然冷却
	45	170	6 000	自然冷却
	50	215	7 200	水冷
	90	175	14 000	水+乙二醇
精进电机	103	230	12 000	水+乙二醇
	140	270	12 000	水+乙二醇
上海电驱动	40	260	7 600	水冷
	50	200	7 200	水冷
	90	280	10 000	水冷
	72	100	5 600	水冷
大洋电机	45	128	9 000	水冷
	30	160	6 500	水冷
	60	200	8 000	水冷

续表

企业	峰值功率/kW	值扭矩/(N·m)	峰值转速/(r·min^{-1})	冷却方式
西门子	30~170	100~265	12 000	水冷
日产	80	280	9 800	水冷
美国 Remy	82	325	10 600	油冷
美国 UQM	75	240	8 000	水冷
大众 Kassel	85	270	12 000	水冷

北汽 EV200 驱动电机技术指标参数如表 1-2-2 所示。

表 1-2-2　北汽 EV200 驱动电机技术指标参数

技术指标	技术参数
类型	永磁同步
基速	2 812 r/min
转速范围	0~9 000 r/min
额定功率	30 kW
峰值功率	53 kW
额定扭矩	102 N·m
峰值扭矩	180 N·m
质量	45 kg
防护等级	IP67
尺寸（定子直径×总长）	(ϕ)245×(L)280

（2）发展趋势分析。

作为新能源汽车的核心部件之一，电机在新能源汽车的发展中扮演着至关重要的角色。在未来，电机的发展将会呈现以下一些趋势。

电机功率将不断增强。随着电池技术的不断进步，新能源汽车的续航里程逐步提高，未来的电机将采用更先进的材料和制造工艺，以提高电机的功率密度和效率，进而提高新能源汽车的性能。

电机的轻量化将成为发展趋势。随着新能源汽车的普及，电机的轻量化需求也越来越强烈。轻量化可以提高新能源汽车的能效和续航里程，同时也可以降低制造成本。未来的电机将采用更轻、更强的材料，实现电机的轻量化，同时也会采用先进的制造工艺和设计理念，以提高电机的强度和耐久性。

电机的智能化将成为趋势。随着人工智能和物联网技术的不断发展，新能源汽车的电机也将逐步实现智能化。

未来几年的纯电动乘用车市场上，永磁同步电机仍将占据主流。随着轮毂电机技术的逐步成熟和成本的下降，其在纯电动乘用车市场的配套量会有一定的增长；而开关磁阻电机受限于体积和噪声问题，短时间内应用到乘用车的可能性较小。

驱动电机的发展路线如表 1-2-3 所示。总体上看，驱动电机的主要趋势包含以下几个方面：

集成化——涵盖电力电子控制器的集成和机电耦合的集成；

高效化——提高功率密度并降低成本；

智能化和数字化——与控制器配合不断提升驱动系统的性能。

表 1-2-3　驱动电机的发展路线

序号	2020 年	2025 年	2030 年
1	乘用车 20 s 有效比功率≥4 kW/kg；商用车 30 s 有效比转矩≥18(N·m)/kg	乘用车 20 s 有效比功率≥4.5 kW/kg；商用车 30 s 有效比转矩≥19(N·m)/kg	乘用车 20 s 有效比功率≥5 kW/kg；商用车 30 s 有效比转矩≥20(N·m)/kg
2	高输出密度、高效率永磁电机技术	轮毂/轮边电机技术	高压化、高速化电机技术
3	低损耗硅钢、高性能磁钢、成型绕组、汇流排、磁钢定位封装等先进工艺	关键材料和部件采用国内资源，自主工艺开发及生产线建设能力达到国际先进水平，先进工艺材料推动自主进步的格局基本形成	出口份额达到自主总产量的 20%

5. 电机的分类

(1) 按照工作电源分类。

按照电机工作电源的不同，可以分为直流电机和交流电机。交流电机又可分为单相电机和三相电机。

(2) 按照结构和工作原理分类。

按照电机的结构和工作原理，电机可分为直流电机、异步电机和同步电机。其中直流电机又可分为无刷直流电机和有刷直流电机。异步电机可分为感应电机、交流换向电机和双馈异步电机。同步电机可分为永磁同步电机、磁阻同步电机和磁滞同步电机。

(3) 按照用途分类。

按照用途可以分为驱动用电机和控制用电机。其中控制用电机有步进电机、伺服电机和测速电机。

(4) 按照转子结构分类。

按照转子结构的不同，可以分为鼠笼式电机、绕线式电机和永磁式电机。

(5) 按照运转速度分类。

按照运转速度的不同，可分为高速电机、低速电机、恒速电机和调速电机。

电机的分类如图 1-2-3 所示。

```
                                         ┌─ 直流电机
                        ┌─ 工作电源 ─────┤
                        │                └─ 交流电机 ─┬─ 单相电机
                        │                              └─ 三相电机
                        │
                        │                              ┌─ 无刷直流电机
                        │                ┌─ 直流电机 ──┤
                        │                │            └─ 有刷直流电机
                        │                │
                        │                │            ┌─ 感应电机
                        ├─ 结构和工作原理┼─ 异步电机 ─┼─ 交流换向电机
                        │                │            └─ 双馈异步电机
              电        │                │
              机        │                │            ┌─ 永磁同步电机
              分 ───────┤                └─ 同步电机 ─┼─ 磁阻同步电机
              类        │                              └─ 磁滞同步电机
                        │
                        │                ┌─ 驱动用电机        ┌─ 步进电机
                        ├─ 用途 ─────────┤                    ├─ 伺服电机
                        │                └─ 控制用电机 ───────┤
                        │                                     └─ 测速电机
                        │                ┌─ 鼠笼式电机
                        ├─ 转子结构 ─────┼─ 绕线式电机
                        │                └─ 永磁式电机
                        │
                        │                ┌─ 高速电机
                        │                ├─ 低速电机
                        └─ 运转速度 ─────┤
                                         ├─ 恒速电机
                                         └─ 调速电机
```

图 1-2-3　电机的分类

新能源汽车采用的驱动电机有直流电机、交流异步电机、永磁同步电机和开关磁阻电机等。电机及控制系统是新能源汽车的主要执行机构，其驱动特性决定了汽车的主要性能指标。目前新能源汽车上使用最多的是永磁同步电机和交流异步电机。

不同类型的电机性能参数对比如表 1-2-4 所示。

表 1-2-4　不同类型的电机性能参数对比

性能	直流电机	交流异步电机	永磁同步电机	开关磁阻电机
功率密度	低	中	高	较好
转矩性能	一般	好	好	好
转速范围/(r·min^{-1})	4 000~6 000	9 000~15 000	4 000~15 000	>15 000
峰值效率/%	85~90	90~95	95~97	<90
负荷效率/%	80~87	90~92	85~97	78~86
过载能力/%	200	300~500	300	300~500
电机尺寸	大	中	小	小
电机质量	重	中	轻	轻
可靠性	差	好	优良	好

续表

性能	直流电机	交流异步电机	永磁同步电机	开关磁阻电机
结构的坚固性	差	好	一般	优良
控制操作性能	最好	好	好	好
成本	高	低	高	低
控制器成本	低	高	高	一般
综合评价	差	好	最好	一般

1）直流电机。

直流电机是一种旋转电机，可以将直流电能转换为机械能或将机械能转换为直流电能，它是一种可以实现直流电能和机械能相互转换的电机。当它作为电动机运行时，将电能转换为机械能，当它作为发电机运行时，将机械能转换为电能。

直流电机，其调速性能好、起动转矩大、控制简单、控制器成本低，但功率密度低，质量、体积较大，可靠性不高，维修保养周期短，电机内部存在电刷和转向器，这些零件容易磨损。因此直流电机在电动汽车中的使用率越来越低。其通常应用于巡逻车、电动观光车、电动叉车等。

直流电机如图1-2-4所示。

2）交流异步电机。

交流异步电机又称交流感应电机，是一种交流电动机，通过气隙旋转磁场和转子绕组感应电流的相互作用产生电磁转矩，从而实现电能转换为机械能。

交流异步电机的优点是效率高、成本低、结构简单、制造方便、可靠性好，是各类电机中应用最广、需求量最大的一种。

其缺点是体积大、质量大、功率密度低。一般应用于大功率、低速车辆，尤其是驱动系统功率需求较大的大型电动客车、特斯拉等。

交流异步电机如图1-2-5所示。

图1-2-4 直流电机　　　　图1-2-5 交流异步电机

3）永磁同步电机。

永磁同步电机通过永磁体提供励磁，使得电机结构更简单，降低了加工和组装成本，省去了容易出现问题的滑环和电刷，提高了电机运行的可靠性。由于没有励磁电流和励磁损耗，因此提高了电机的效率和功率密度。

永磁同步电机具有功率密度大、转矩性能好、转速范围大、体积小、质量轻、可靠性好等优点，综合性能最好，适合在电动汽车中广泛应用。目前永磁同步电机受到了各大汽车生产厂商的重视，比如比亚迪、荣威、北汽、吉利等大部分乘用车都采用永磁同步电机。

永磁同步电机如图 1-2-6 所示。

4）开关磁阻电机。

开关磁阻电机是继直流电机和无刷直流电机之后发展起来的一种新型电机。

开关磁阻电机的构造非常简单，转子上没有滑环、绕组等，可靠性也非常高，效率可达 85%~90%，转速可达 15 000 r/min。但开关磁阻电机的控制系统较复杂，调节性能和控制精度要求高。工作时的转矩脉动大，噪声也大，体积比同样功率的感应电机要大一些，因而极少有汽车采用这种驱动电机。

开关磁阻电机如图 1-2-7 所示。

图 1-2-6 永磁同步电机

图 1-2-7 开关磁阻电机

6. 常见新能源汽车驱动电机类型

（1）特斯拉驱动电机。

特斯拉纯电动汽车的驱动电机为自主研发的三相交流感应电机，拥有最优的缠绕线性，能极大减少阻力和能量损耗。同时，相对整车，其电机体积非常小。

特斯拉驱动电机通过高性能信号处理器将制动、加速、减速等需求转换为数字信号，控制变频器将电池组的直流电与交流电相互转换，以带动三相感应电动机，提供汽车动力。

特斯拉驱动电机如图 1-2-8 所示。

（2）北汽新能源驱动电机。

如图 1-2-9 所示是北汽新能源 E150EV 的驱动电机。驱动电机控制方式如下：驱动电机控制器将动力电池提供的直流电转化为交流电，然后输出给电机。通过电机的正转来实现整车加速、减速，通过电机的反转来实现倒车。驱动电机控制器通过有效的控制策略，控制动力总成以最佳方式协调工作。

图 1-2-8 特斯拉驱动电机

(3) 比亚迪电机。

比亚迪的纯电动汽车使用的驱动电机为交流无刷永磁同步电机，具有高密度、小型轻量化、高效率、高可靠性、高耐久性、强适应性等优点。驱动电机通过采集电机旋变信号进行工作。

比亚迪 E6 驱动电机如图 1-2-10 所示。

图 1-2-9　北汽新能源 E150EV 的驱动电机 　　　　图 1-2-10　比亚迪 E6 驱动电机

(4) 荣威电机。

荣威 E50 纯电动汽车使用的电机也是永磁同步电机。定子的三相绕组分别为 U/V/W，以 Y 形方式连接。Y 形连接方式的特点是每个回路都连接在同一个端点，车辆的高压电缆分别连接到电机的每个绕组上。转子的两端由轴承支撑，定子产生磁场，并推动转子实现顺时针或逆时针的转动。

荣威 E50 纯电动汽车驱动电机如图 1-2-11 所示。

图 1-2-11　荣威 E50 纯电动汽车驱动电机

7. 电机型号组成及含义

电机型号是便于使用、设计、制造等部门进行业务联系和简化技术文件中产品名称、规格、型式等叙述而引用的一种代号。

电机的型号由电机类型代号、电机规格代号、特殊环境代号和补充代号等 4 个部分组成。

(1) 电机类型代号。

由电机类型代码、电机特征代号、设计序列号和励磁模式代码组成。

1) 类型代码是一个汉字拼音字母，用于描述各种类型的电机。

① 异步电动机 Y；

② 同步电动机 T；

③ 同步发电机 TF；

④ 直流电动机 Z；

⑤ 直流发电机 ZF。

2) 特征代号用于表示电机的性能、结构或用途，也可以用汉语拼音字母表示。

① YT 表示轴流风机；

② B 表示防爆型；

③ YEJ 表示电磁制动；

④ YVP 表示变频调速；

⑤ YD 表示变极性多速；

⑥ YZD 起重机。

3) 设计序列号是指电机产品设计的顺序，用阿拉伯数字表示。对于首次设计的产品，不标注设计序列号，由系列产品衍生的产品按设计顺序标注。

4) 励磁模式代码用字母表示。

① S 表示三次谐波；

② J 表示晶闸管；

③ X 表示复相励磁。

(2) 电机规格代号主要由中心高度、阀座长度、芯长和杆数表示。

1) 中心高是轴中心到机座平面高度，根据中心高的不同可以将电机分为大型、中型、小型和微型 4 种，其中中心高：

H 为 45~71 mm 的属于微型电机；

H 为 80~315 mm 的属于小型电机；

H 为 355~630 mm 的属于中型电机。

2) 机座长度用国际通用字母表示。

S——短机座；

M——中机座；

L——长机座。

3) 铁心长度用阿拉伯数字 1，2，3，4，由长至短分别表示。

4) 极数分为 2 极、4 极、6 极、8 极等。

(3) 特殊环境代号有以下规定。

特殊环境代号：高原用 G；船用 H；户外用 W；化工防腐用 F；热带用 T；湿热带用 TH；干热带用 TA。

(4) 补充代号仅适用于有补充要求的电机。

例如，产品型号为 YB2-132S-4H 的电机代号的含义是：

Y：产品类型代号，表示异步电机；

B：产品特点代号，表示隔爆型；

2：产品设计序号，表示第二次设计；

132：电机中心高，指示从轴线到地面的距离为 132 mm；

S：电机机座长度，表示短机座；

4：极数，表示 4 极电机；

H：特殊环境代号，表示船用电机。

8. 电机绝缘等级

电机绝缘等级是指其所用绝缘材料的耐热等级，分 A，E，B，F，H 级。允许温升是指电动机的温度与周围环境温度相比升高的限度。

在发电机等电气设备中，绝缘材料是最为薄弱的环节。绝缘材料尤其容易受到高温的影响而加速老化并损坏。不同的绝缘材料耐热性能有区别，因此采用不同绝缘材料的电气设备其耐受高温的能力有所不同。所以一般的电气设备都规定其工作的最高温度。

根据不同绝缘材料耐受高温的能力，对电气设备规定了 7 个允许的最高温度，按照温度大小排列分别为：Y，A，E，B，F，H 和 C。它们的允许工作温度分别为：90 ℃，105 ℃，120 ℃，130 ℃，155 ℃，180 ℃ 和 180 ℃ 以上。比如，B 级绝缘说明该发电机采用的绝缘耐热温度为 130 ℃，因此在发电机工作时应该保证不使发电机绝缘材料超过该温度。

绝缘等级为 B 级的绝缘材料，主要是由云母、石棉、玻璃丝经有机胶胶合或浸渍而成的。

9. 电机 IP 防护等级

电机 IP 防护等级由国际电工委员会（International Electrotechnical Commission，IEC）起草。电机 IP 防护等级将电器依其防尘防湿气的特性加以分级。电机 IP 防护等级由两个数字组成，第 1 个数字表示防止外物侵入的等级，即防尘等级。第 2 个数字表示防湿气、防水侵入的密闭程度，即防水等级。数字越大表示其防护等级越高。

第 1 个数字的含义：

0：无防护，没有专门的防护。

1：防护大于 50 mm 的固体，能防止直径大于 50 mm 的固体外物进入壳内。

2：防护大于 12 mm 的固体，能防止直径大于 12 mm 的固体外物进入壳内。

3：防护大于 2.5 mm 的固体，能防止直径大于 2.5 mm 的固体外物进入壳内。

4：防护大于 1.0 mm 的固体，能防止直径大于 1.0 mm 的固体外物进入壳内。

5：防尘，能防止灰尘进入达到影响产品正常运行的程度，完全防止触及壳内带电或运动部分。

6：尘密，能完全防止灰尘进入壳内，完全防止触及壳内带电或运动部分。

防尘等级如表 1-2-5 所示。

表 1-2-5　防尘等级

数字	防护范围	说明
0	无防护	对外界的人或物无特殊的防护
1	防止直径大于 50 mm 的固体外物侵入	防止人体（如手掌）因意外而接触到电器内部的零件，防止较大尺寸（直径大于 50 mm）的外物侵入
2	防止直径大于 12.5 mm 的固体外物侵入	防止人的手指接触到电器内部的零件，防止中等尺寸（直径大于 12.5 mm）的外物侵入

续表

数字	防护范围	说明
3	防止直径大于 2.5 mm 的固体外物侵入	防止直径或厚度大于 2.5 mm 的工具、电线及类似的小型外物侵入而接触到电器内部的零件
4	防止直径大于 1.0 mm 的固体外物侵入	防止直径或厚度大于 1.0 mm 的工具、电线及类似的小型外物侵入而接触到电器内部的零件
5	防止外物及灰尘	完全防止外物侵入,虽不能完全防止灰尘侵入,但灰尘的侵入量不会影响电器的正常运作
6	防止外物及灰尘	完全防止外物及灰尘侵入

第 2 个数字的含义:

0:无防护,没有专门的防护。

1:防滴,垂直的滴水应不能直接进入电机内部。

2:15°防滴,与铅垂线成 15°角范围内的滴水,应不能直接进入电机内部。

3:防淋水,与铅垂线成 60°角范围内的淋水,应不能直接进入电机内部。

4:防溅,任何方向的溅水对电机应无有害的影响。

5:防喷水,任何方向的喷水对电机应无有害的影响。

6:防海浪或强加喷水,猛烈的海浪或强力的喷水对电机应无有害影响。

7:浸水,电机在规定的压力和时间下浸在水中,其进水量应无有害影响。

8:潜水,电机在规定的压力下长时间浸在水中,其进水量应无有害影响。

防水等级如表 1-2-6 所示。

表 1-2-6　防水等级

数字	防护范围	说明
0	无防护	对水或湿气无特殊的防护
1	防止水滴浸入	垂直落下的水滴(如凝结水)不会对电器造成损坏
2	倾斜 15°时,仍可防止水滴浸入	当电器由垂直倾斜至 15°时,滴水不会对电器造成损坏
3	防止喷洒的水浸入	防雨或防止与垂直的夹角小于 60°的方向所喷洒的水侵入电器而造成损坏
4	防止飞溅的水浸入	防止各个方向飞溅而来的水侵入电器而造成损坏
5	防止喷射的水浸入	防持续至少 3 min 的低压喷水
6	防止大浪浸入	防持续至少 3 min 的大量喷水
7	防止浸水时水的浸入	在深达 1 m 的水中防 30 min 的浸泡影响
8	防止沉没时水的浸入	在深度超过 1 m 的水中防持续浸泡影响。准确的条件由制造商针对各设备指定

电机应用中最常用的防护等级有 IP23、IP44、IP54、IP55、IP56、IP65 等。

任务工单

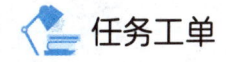

工单 2　新能源汽车电机基础知识

学生姓名		班级		学号	
实训场地		日期		车型	
任务要求	\(1\) 能够识别电机的类型； \(2\) 能够识读驱动电机的铭牌				
相关信息	（1）按照电机的结构和工作原理，电机可分为_____、_____和_____。 （2）异步电动机是利用_____绕组中产生的旋转磁场与转子绕组内的感应电流相互作用而工作的。 （3）IP 防护等级是由两个数字所组成，第 1 个数字表示_____等级。第 2 个数字表示_____等级。数字越大表示其防护等级越高。 （4）电机的型号由_____、_____、_____和补充代号等 4 个部分组成。 （5）_____具有较高的功率/质量比，体积更小，质量更轻，比其他类型电机的输出转矩更大，电机的极限转速和制动性能也比较优异，目前已成为现今电动汽车应用最多的电机。				
计划与决策	请根据任务要求，确定所需要的场地和物品，并对小组成员进行合理分工，制订详细的工作计划。 1. 人员分工 小组编号：_____，组长：_____ 小组成员：_____ 我的任务：_____ 2. 准备场地及物品 检查并记录完成任务需要的场地、设备、工具及材料。 （1）场地。 检查工作场地是否清洁及存在安全隐患，如不正常，请汇报老师并及时处理。 记录：_____ _____ （2）设备及工具。 检查防护设备和工具：_____ _____ 记录操作过程中使用的设备及工具：_____ _____ （3）安全要求及注意事项。 1) 实训汽车停在实训工位上，没有经过老师批准不准起动，经老师批准起动，首先应检查车轮的安全顶块是否放好，手制动是否拉好，排挡杆是否放在 P 挡（A/T），车前是否没有人；				

续表

计划 与 决策	2）禁止触碰任何带安全警示标示的部件； 3）当拆卸或装配高压配件时，需断开 12 V 电源，并进行高压系统断电； 4）在安装和拆卸过程中，应防止制动液、冷却液等液体进入或飞溅到高压部件上； 5）实训期间禁止嬉戏打闹。 3. 制订工作方案 根据任务，小组进行讨论，确定工作方案（流程/工序），并记录。 _____ _____ _____ _____
实施 与 检查	(1) 记录驱动电机的铭牌信息，并解释。 _____ _____ _____ (2) 判断驱动电机的类型，并简要介绍其结构和特点。 _____ _____ _____
评估	(1) 请根据自己任务完成的情况，对自己的工作进行自我评估，并提出改进意见。 _____ _____ (2) 评分（总分为自我评价、小组评价和教师评价得分值的平均值）。 自我评价：_____ 小组评价：_____ 教师评价：_____ 总　　分：_____

任务 3 高压电驱系统的组成与识别

任务目标

知识目标
（1）能描述高压电驱动系统的基本组成；
（2）能描述高压电驱动系统的主要功能。

能力目标
（1）能识别高压电驱动系统；
（2）能描述电机系统驱动模式。

素养目标
（1）培养学生安全意识；
（2）培养学生爱岗敬业，精益求精的职业素养。

任务描述

技术人员小张需要给新来的实习生培训高压电驱动系统的相关知识，若你是小张，你会如何讲解呢？

知识链接

1. 高压电驱动系统的组成

高压驱动系统是指：由动力电池为整车提供驱动力的一套装置的总称，该系统主要包含动力电池包、高压配电箱、动力线、电机控制器和电机等。

驱动电机系统是纯电动汽车三大核心部件之一，是车辆行驶的主要执行机构，其特性决定了车辆的主要性能指标，直接影响车辆动力性、经济性和用户驾乘感受。可见，驱动电机系统是纯电动汽车中十分重要的部件。

2. 识别

（1）动力电池组。

动力电池组是指能够直接或间接为新能源汽车提供动力的蓄电池，是电动汽车的重要组成部分。

三元锂离子动力电池如图 1-3-1 所示。

（2）电机控制器。

电机控制器可以实现动力电池组与电机间的直流、交流电转换，从而将电池组的电流导向汽车电机为其供能，以及在制动回收时控制电机感应电流向电池组充电，它是由控制信号接口电路、电机控制电路和驱动电路组成的。

吉利 EV450 电机控制器如图 1-3-2 所示。

图 1-3-1　三元锂离子动力电池　　　　图 1-3-2　吉利 EV450 电机控制器

（3）驱动电机。

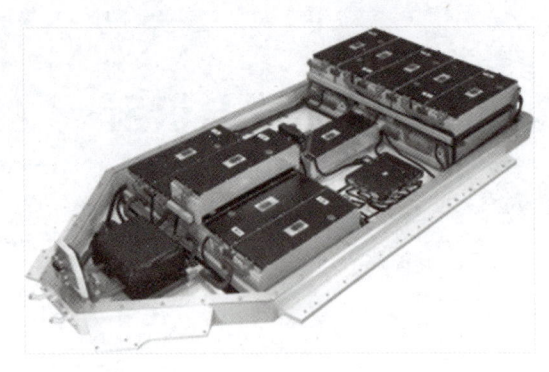

驱动电机是电动汽车的核心部件，是应用电磁感应原理运行的旋转电磁机械，用于实现电能向机械能的转换。在电动汽车中，电机负责将电池的电能转化为机械能，替代了发动机，从而驱动电动汽车行驶，同时驱动电机可以在车辆减速时回收能量。根据驾驶员的意图，驱动电机可正转、反转，实现车辆的前进或倒向行驶。

永磁同步驱动电机如图 1-3-3 所示。

图 1-3-3　永磁同步驱动电机

（4）高压配电箱。

高压配电箱又称高压控制盒，是指在电动汽车高压电力系统的输电、配电、电能转换和消耗中起通断、控制或保护等作用，耐压等级在 2 000 V 以上的电气单元，它位于电动汽车动力电池组与所有高压电负载之间。

目前市面上有些车型已经将高压控制盒与其他控制模块集成在一起，比如比亚迪的充配电四合一总成就是将电机控制器模块、车载充电器模块、DC/DC 转换器模块与高压配电模块集成在一起，形成高压电控总成。

随着科学技术的进步，纯电动汽车部件的集成度越来越高，近年比亚迪已经推出了八合一电驱系统。

传统高压配电盒 PDU 如图 1-3-4 所示。比亚迪八合一电驱系统（内含 PDU）如图 1-3-5 所示。

图 1-3-4　传统高压配电盒 PDU　　　　图 1-3-5　比亚迪八合一电驱系统（内含 PDU）

高压配电箱主要功能如表 1-3-1 所示。

表 1-3-1　高压配电箱主要功能

序号	功能
1	将高压电池的电流进行分配
2	高压用电器以及高压线束短路或过流时起到保护作用
3	充电保护措施，在动力电池充电时，能自动断开驱动系统。实现充电与驱动功能之间的互锁
4	动力电池电流监测
5	正负极接触器状态监测（接触器自身功能）
6	高压系统预充电功能（非必需功能）
7	高压环路互锁功能

（5）12 V 辅助电池（为低压部件）。

12 V 辅助电池能为汽车控制电路和低压电路供电。尤其在汽车上电（READY 为 ON）时，需 12 V 辅助电池首先供电给低压控制电路，从而开启高压系统部件。

12 V 铅酸蓄电池如图 1-3-6 所示。

3. 高压电驱动系统工作原理

整车控制器（Vehicle Control Unit，VCU）根据驾驶员意图发出各种指令，电机控制器响应并反馈，实时调整驱动电机输出，以实现整车的怠速、前行、倒车、停车、能量回收以及驻坡等功能。电机控制器另一个重要功能是通信和保护，实时进行状态和故障检测，保护驱动电机系统和整车安全可靠运行。

图 1-3-6　12 V 铅酸蓄电池

高压电驱动系统连接示意图如图 1-3-7 所示。

在驱动电机系统中，驱动电机的输出动作主要是靠控制单元给定命令执行，即控制器输出命令。控制器主要是将输入的直流电逆变成电压、频率可调的三相交流电，供给配套的三相永磁同步电机使用。

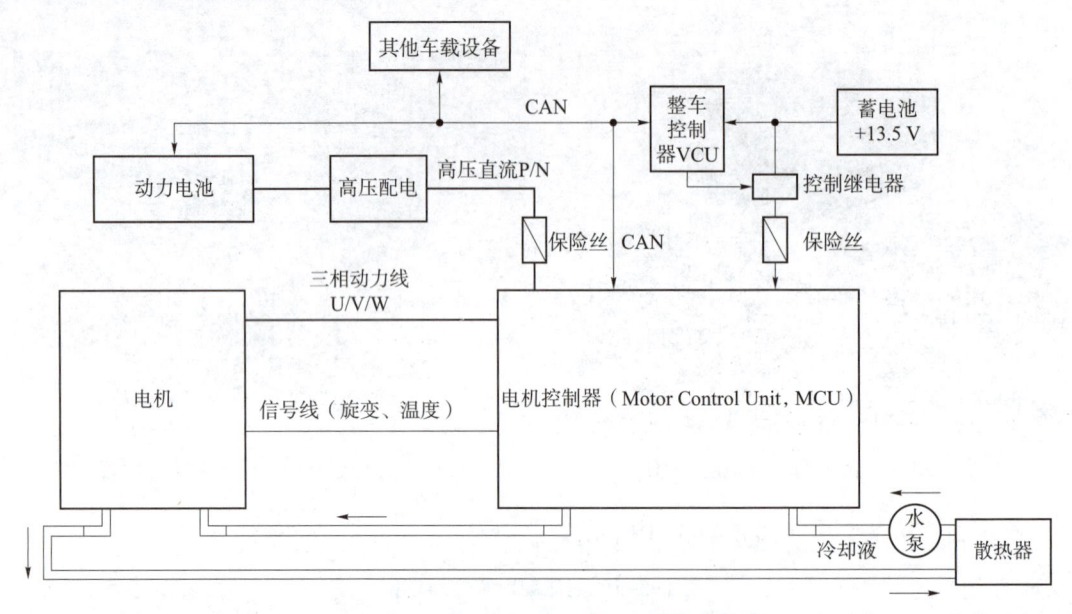

图 1-3-7　高压电驱动系统连接示意图

控制器与电机的工作关系图如图 1-3-8 所示。

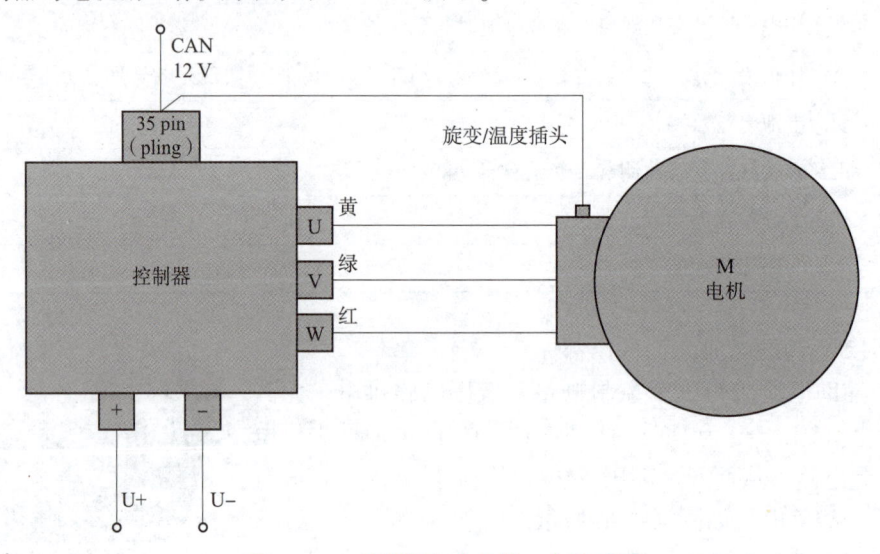

图 1-3-8　控制器与电机的工作关系图

知识拓展

> ### 电驱系统
>
> 　　电驱系统（Electric Drive System，EDS）是一种以电机驱动为主要功能的系统。随着电力电子技术、大规模集成电路和计算机技术的发展以及新材料的出现和现代控制理论的应用，机电一体化的交流驱动系统显示了它的优越性，如效率高、能量密度

大、驱动力大、有效的再生制动、工作可靠和几乎无须维护等，使交流驱动系统开始越来越多地应用于电动汽车中。

EDS 电驱动总成，号称电动汽车的心脏，电驱技术的核心 EDS 智能电驱动单元包含了电力电子控制单元、高性能动力电机和减速器，相当于燃油车的发动机和变速箱，代表着电动汽车的核心技术。

电驱动系统结构如图 1-3-9 所示。

图 1-3-9 电驱动系统结构

4. 电机驱动系统工作模式和驱动形式

（1）电机工作模式。

驱动电机系统是新能源车三大核心部件之一，电机驱动控制系统是新能源汽车车辆行驶中的主要执行结构，其驱动特性决定了汽车行驶的主要性能指标，它是电动汽车的重要部件。

新能源汽车电机驱动系统主要由驱动电机、电机控制器、驱动减速器总成、冷却系统以及各种传感器组成。工作模式主要有以下两种：

1）电机系统驱动模式。

车辆运行时，将电能转化为机械能，驱动车辆行驶。整车控制器根据车辆运行的不同情况，包括车速、挡位、电池 SOC 值来决定电机输出扭矩或功率。当电机控制器从整车控制器处得到扭矩输出命令时，将动力电池提供的直流电转化成交流电，驱动电机输出扭矩，通过机械传输来驱动车辆。

2）电机系统发电模式。

车辆减速或制动时，进行能量回收，将机械能转化为电能。当车辆在溜车或刹车制动时，电机控制器从整车控制器得到命令后，电机控制器使电机处于发电状态，此时电机将车辆动能转化成交流电。交流电通过电机控制器转化为直流电，存储到电池中。

（2）电机驱动形式。

电动汽车的驱动系统是电动汽车的核心部分，其性能决定电动汽车运行性能的好坏，电动汽车电驱动系统的结构布置各式各样，常见的电机驱动形式有以下几类：

1）纯电动汽车电机驱动系统。

纯电动按照电机不同可以分为以下 4 类：单电机驱动系统、双电机驱动系统、轮毂电机驱动系统和轮边电机驱动系统。

① 单电机驱动系统。

这种驱动系统由驱动电机、固定速比减速器和差速器等构成。它利用电机替代传统燃油车的发动机，保持原有的变速箱、机械传动不变。单电机驱动系统结构简单、整车改动小、可靠性高、成本低。

单电机驱动系统如图 1-3-10 所示。

② 双电机驱动系统。

在这种驱动系统中，双侧电机独立驱动，机械差速器被两个驱动电机所代替，两个电机分别驱动各自对应的车轮，转弯时通过电子差速控制以不同车速行驶，省掉了机械传动轴、机械差速器等。双电机驱动系统结构简单，动力由电缆实现柔性连接，布置灵活，可有效利用空间。

双电机驱动系统如图 1-3-11 所示。

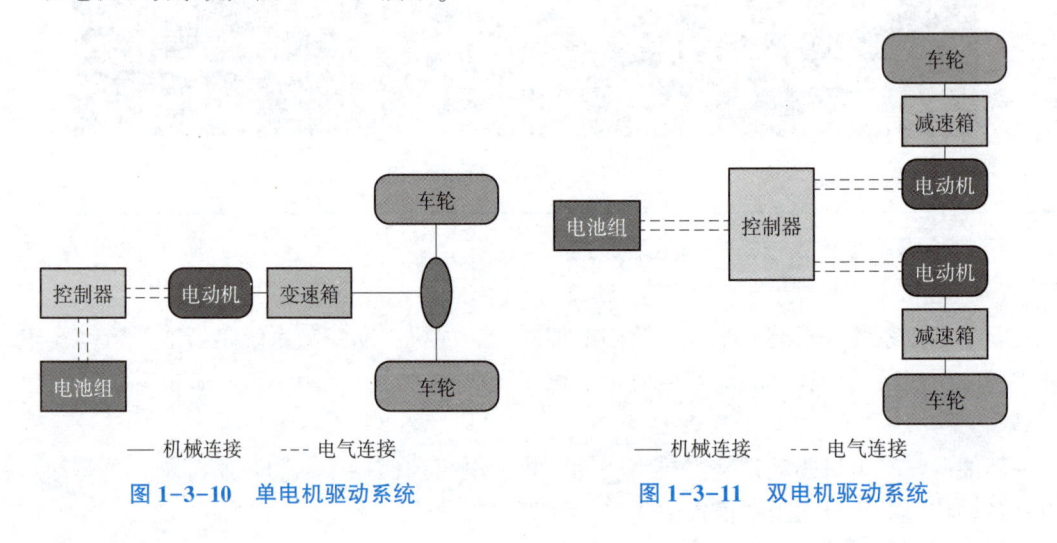

图 1-3-10　单电机驱动系统

图 1-3-11　双电机驱动系统

③ 轮毂电机驱动系统。

轮毂电机将动力、传动、制动整合到轮毂内，变中央驱动为分布式驱动，省掉了半轴、万向节、差速器、变速器等传动部件，简化了传动系统，降低了机械损耗。

轮毂电机驱动系统如图 1-3-12 所示。

④ 轮边电机驱动系统。

在轮边电机驱动系统中，双侧电机独立驱动，电机在轮毂外侧，电机通过减速器驱动车轮，省去了传动轴和差速器。这种驱动模式结构简单，有效利用了轮边空间，适合重型大扭矩车辆。

轮边电机驱动系统如图 1-3-13 所示。

2）油电式混合动力汽车电机驱动系统。

油电式混合动力汽车电机驱动系统按照布置形式不同可以分为串联式、并联式和混联式。

图 1-3-12　轮毂电机驱动系统　　　　　　图 1-3-13　轮边电机驱动系统

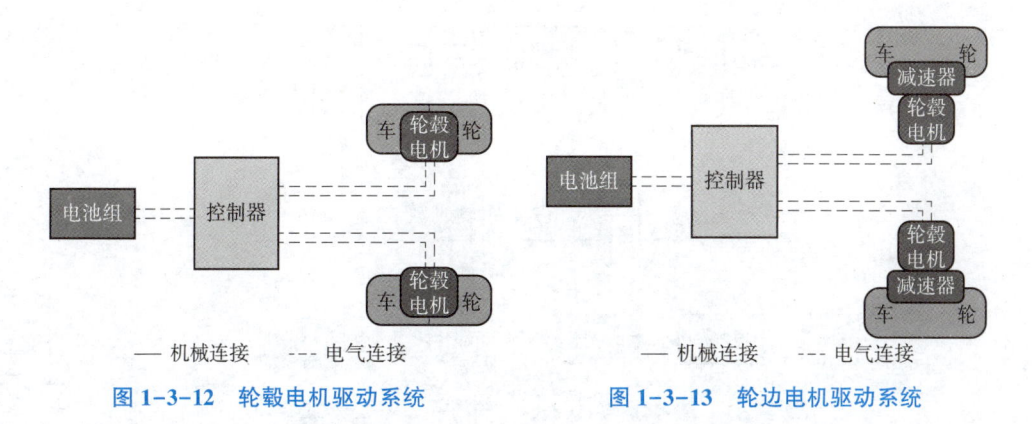

① 串联式。

串联式混合动力汽车电机驱动系统，主要由发动机、发电机、电动机、电池以及传动装置等组成。车辆行驶系统的驱动力只来源于电动机。其典型的结构特点是发动机带动发电机发电，通过电机控制器输送给电动机，由电动机驱动车辆行驶。另外，动力蓄电池可以单独向电动机提供电能驱动车辆行驶，这种类型功率流简单、能量管理方便、节能，但是系统不紧凑，技术含量低。

串联式混合动力汽车电机驱动系统如图 1-3-14 所示。

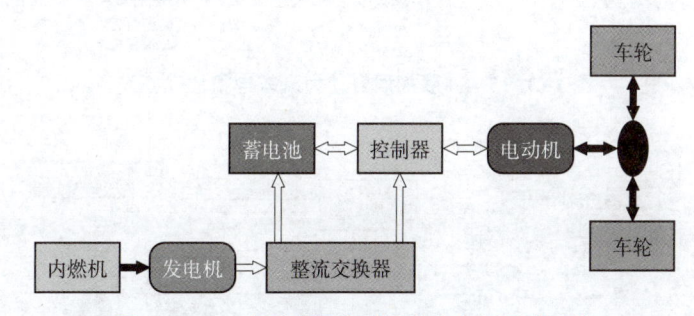

图 1-3-14　串联式混合动力汽车电机驱动系统

② 并联式。

并联式混合动力汽车电机驱动系统有两套驱动系统：传统的内燃机系统和电机驱动系统。并联式混合动力汽车电机驱动系统的特点为汽车可由发动机和电动机共同驱动或者各自单独驱动。发动机和电动机是两个相互独立的系统，既可实现纯电动行驶，又可实现内燃机驱动行驶，在功率需求较大时还可以实现全混合动力行驶。

并联式混合动力汽车电机驱动系统如图 1-3-15 所示。

③ 混联式。

混联式是目前混合动力汽车常用形式，这类结构充分发挥了机械传递效率高、结构紧凑的优点，常用工况采用机械传动；机械驱动和电机驱动同时存在，只要一种驱动方式正常工作，车辆即可运行；适合多轮驱动的车辆，靠近车头部位采用传统的机械传动，对车辆改动较小。其缺点是增加了发电机和发电机控制器，占用了空间，增加了成本；需要对电功率平衡进行匹配，增加了能量管理的复杂性；结构复杂，工程化要求高。

混联式混合动力汽车电机驱动系统如图 1-3-16 所示。

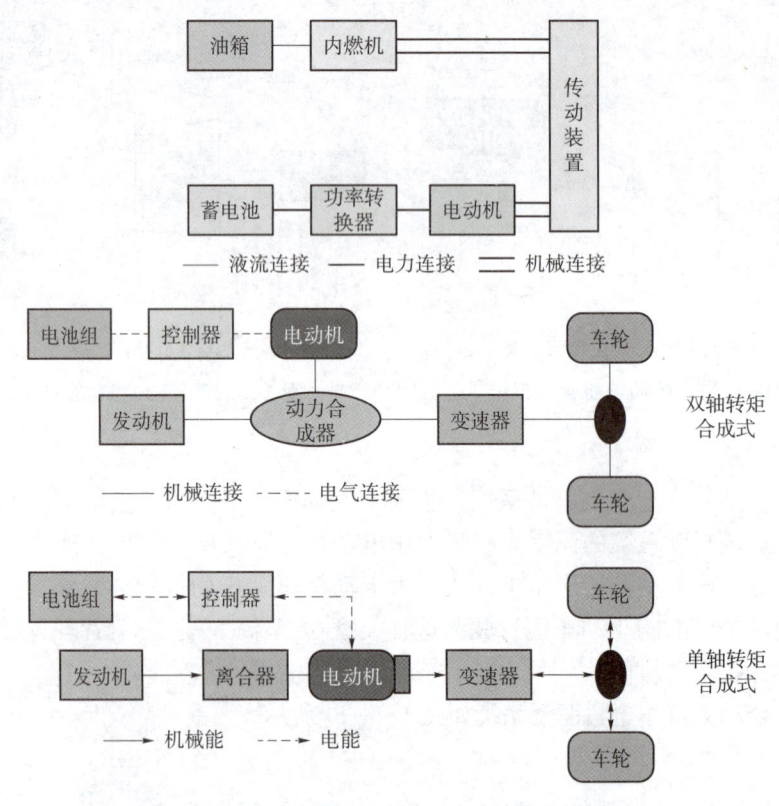

图 1-3-15　并联式混合动力汽车电机驱动系统

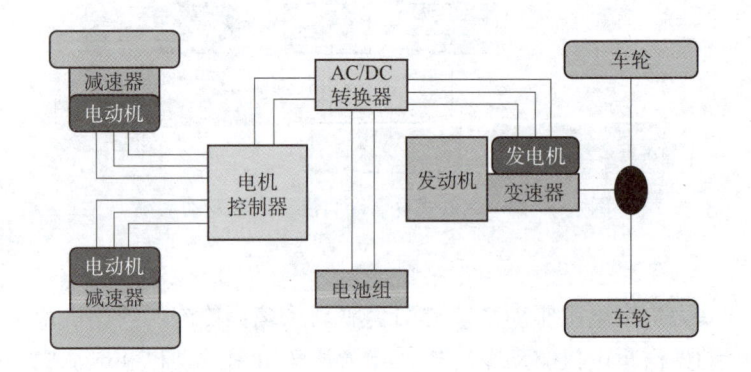

图 1-3-16　混联式混合动力汽车电机驱动系统

任务工单

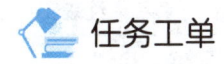

工单 3　高压电驱动系统的组成与识别

学生姓名		班级		学号	
实训场地		日期		车型	
任务要求	（1）能够在实车上找出高压电驱动系统各个部件； （2）能解释高压电驱动系统各部件的功用和组成					
相关信息	（1）写出下列高压电驱动部件的名称。 _____　　　　_____ _____ （2）高压电驱动系统的工作原理是怎样的？ _____ _____ （3）驱动电机的能量传递有哪些形式？ _____ _____ _____					
计划与决策	请根据任务要求，确定所需要的场地和物品，并对小组成员进行合理分工，制订详细的工作计划。 1. 人员分工 小组编号：_____，组长：_____ 小组成员：_____ 我的任务：_____ 2. 准备场地及物品 检查并记录完成任务需要的场地、设备、工具及材料。					

续表

计划与决策	(1) 场地。 检查工作场地是否清洁及存在安全隐患，如不正常，请汇报老师并及时处理。 记录：_____ _____ (2) 设备及工具。 检查防护设备和工具：_____ _____ 记录操作过程中使用的设备及工具：_____ _____ (3) 安全要求及注意事项。 1) 实训汽车停在实训工位上，没有经过老师批准不准起动，经老师批准起动，首先应检查车轮的安全顶块是否放好，手制动是否拉好，排挡杆是否放在 P 挡（A/T），车前是否没有人； 2) 禁止触碰任何带安全警示标示的部件； 3) 当拆卸或装配高压配件时，需断开 12 V 电源，并进行高压系统断电； 4) 在安装和拆卸过程中，应防止制动液、冷却液等液体进入或飞溅到高压部件上； 5) 实训期间禁止嬉戏打闹。 3. 制订工作方案 根据任务，小组进行讨论，确定工作方案（流程/工序），并记录。 _____ _____ _____ _____
实施与检查	(1) 请在实车上找出高压电驱动系统各组成部件，并介绍其功用。 _____ _____ _____ (2) 根据实车观察新能源汽车的动力驱动系统，判断是哪种驱动形式。 _____ _____ _____ _____
评估	(1) 请根据自己任务完成的情况，对自己的工作进行自我评估，并提出改进意见。 _____ _____ (2) 评分（总分为自我评价、小组评价和教师评价得分值的平均值）。 自我评价：_____ 小组评价：_____ 教师评价：_____ 总　　分：_____

项目小结

通过本项目的学习，应掌握以下知识和技能：

（1）奥斯特发现，任何通有电流的导线，都可以在其周围产生磁场，这一现象称为电流的磁效应。

（2）通电导体在磁场中受到力的作用，称为安培力。安培力方向的判断采用左手定则。

（3）电机是电能与机械能相互转换的一种电力元器件。当电能转换成机械能时，电机表现出电动机的工作特性，当机械能转换成电能时，电机表现出发电机的工作特性。

（4）用于汽车的驱动电机应具有调速范围宽、起动转矩大、后备功率高、效率高的特性，此外，还要求可靠性高、耐高温及耐潮、结构简单、成本低、维护简单、适合大规模生产等。未来我国电动汽车用驱动电机系统将朝着永磁化、数字化和集成化方向发展。

（5）新能源汽车采用的驱动电机有直流电机、交流异步电机、永磁同步电机和开关磁阻电机、轮毂电机等。

（6）高压驱动系统是指由动力电池为整车提供驱动力的一套装置的总称，主要包含动力电池包、高压配电箱、动力线、电机控制器和电机等。

项目二

新能源汽车电机结构与检修

近年来,伴随着行业的发展,新能源汽车逐渐被广泛使用,电机作为电动汽车最重要的部件之一,其技术得到了广泛的应用。目前有不同类型的电机应用在新能源汽车上,本项目围绕交流异步电机、永磁同步电机、直流电机、开关磁阻电机等的结构和工作原理以及驱动电机的检测与更换进行学习。

任务1　交流异步电机结构与工作原理

任务目标

知识目标
（1）掌握交流异步电机的基本结构；
（2）掌握交流异步电机的特点及应用。

能力目标
（1）能分析交流异步电机的工作原理；
（2）具备电机拆装与检测的能力。

素养目标
（1）培养学生安全意识；
（2）树立正确的价值观。

任务描述

如果你是一家新能源汽车4S店的车间主管，现在经理让你给新入职的员工进行交流异步电机结构原理培训，你该如何进行讲解呢？

知识链接

1. 概述

交流异步电机又称交流感应电机。交流异步电机运行时，在气隙中的旋转磁场与转子绕组之间存在相对运动，依靠电磁感应作用使转子绕组中产生感应电流，进而产生电磁转矩，实现机电能量的转换。由于转子的转速与旋转磁场的转速不相等，所以称它为异步电机。又因它的转子电流是靠电磁感应作用产生的，因此，异步电机也称为感应电机。

交流异步电机因特斯拉汽车的使用而被广泛关注，与同步电机相比，交流异步电机转子的转速总是小于旋转磁场（由定子绕组电流产生）的转速。因此，转子看起来与定子绕组的电流频率总是"不一致"，这也是其为什么叫异步电机的原因。目前多数电动汽车采用感应式电机作为驱动电机，随着功率电子器件和功率变换器的快速发展，采用矢量控制技术可以使驱动系统实现无级变速，传动效率得到大幅提高，并且具有更好的可控性和宽广的调速范围。当感应电机采用笼型转子结构时，具有坚固耐用、结构简单、工作可靠、价格便宜、效率高和免维护等优点。

特斯拉三相感应电机如图2-1-1所示。

交流异步电机的种类很多。最常见的方法是按定子绕组相数和转子绕组结构分类。

按照定子绕组相数来分，有单相异步电机、两相异步电机和三相异步电机。

项目二 新能源汽车电机结构与检修

图 2-1-1 特斯拉三相感应电机

根据转子绕组结构的不同，三相交流异步电机可以分为绕线型三相交流异步电机（见图 2-1-2）和笼型三相交流异步电机（见图 2-1-3）。

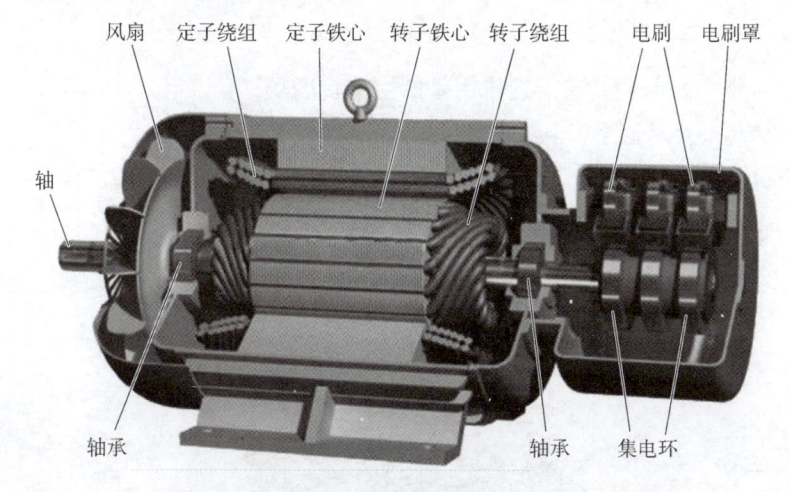

图 2-1-2 绕线型三相交流异步电机

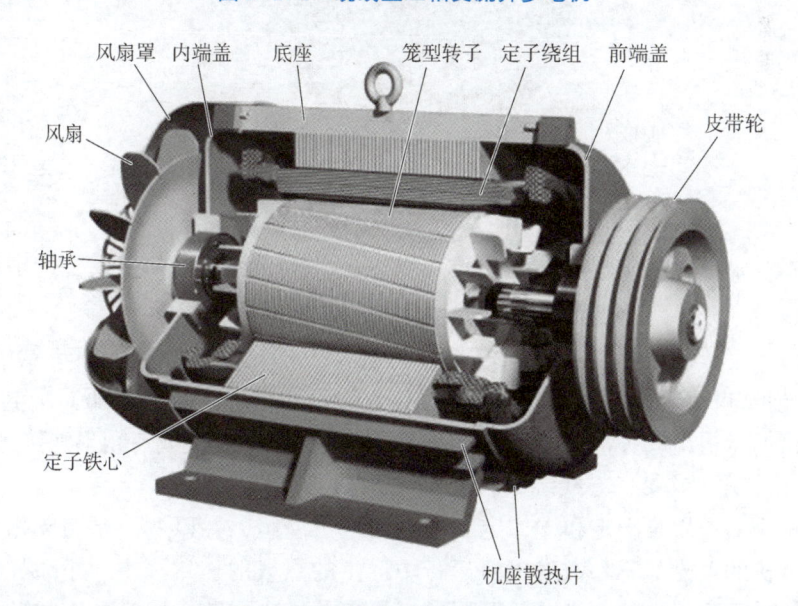

图 2-1-3 笼型三相交流异步电机

2. 结构

三相交流异步电机主要由定子、转子和它们之间的气隙以及端盖、风扇、接线盒等辅助元件构成，如图 2-1-4 所示。

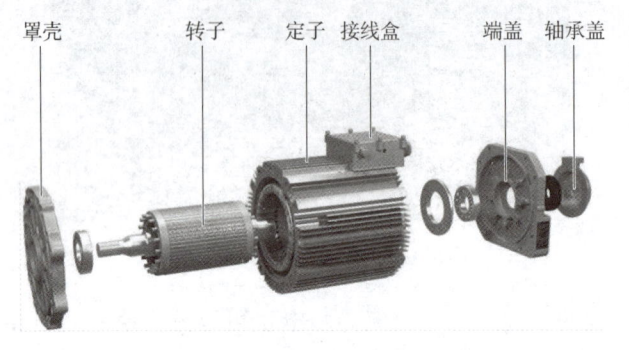

图 2-1-4　三相交流异步电机结构

（1）定子。

电机静止部分称为定子。定子的作用是产生旋转磁场。

1）定子组成。

定子主要由定子铁心、定子绕组和机座等部分组成，如图 2-1-5 所示。

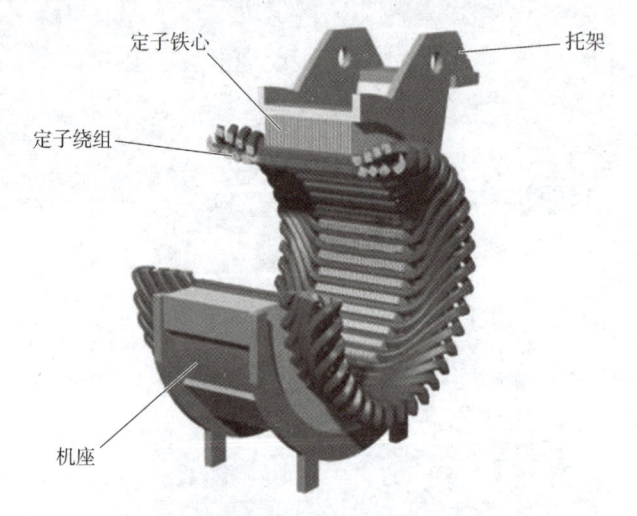

图 2-1-5　定子结构

定子铁心：定子铁心作为电机磁路的一部分，在其上放置定子绕组。定子铁心一般由 0.35~0.5 mm 厚、表面涂有绝缘漆的环状冲片槽的硅钢片叠压而成。

定子绕组：定子绕组是电机的电路部分，通入三相交流电，产生旋转磁场。高压大、中型容量的异步电机定子绕组常采用星形连接（Y 接）。中、小容量低压异步电机，通常把定子三相绕组的六根出线头都引出来，根据需要可接成星形连接或三角形连接（△接）。定子绕组用绝缘的铜（或铝）导线绕成，嵌在定子槽内。

机座：机座的作用是固定和支撑定子铁心和定子绕组，并以两个端盖支撑转子，同时起保护整台电机的电磁部分和散发电机运行中产生的热量的作用。中、小型异步电机一般是由铁或铝铸造而成；大型电机一般采用钢板焊接的机座，整个机座和座式轴承都固定在同一个底板上，因此，机座要有足够的机械强度和刚度。

2）定子工作原理。

定子是电机中不可转动的部分，主要任务是产生一个旋转磁场。旋转磁场并不是用机械方法来实现，而是以交流电通于数对电磁铁中，使其磁极性质循环改变实现，故相当于一个旋转的磁场。

当导线通电之后就会在导线周围产生磁场，通入交流电之后就会改变磁场的强度和方向。几个强度和方向不一样的磁场可以看作一个合磁场。三相异步电机的定子绕组导线按照一定规律排布，在定子中产生可以随电流变化而旋转的磁场。下面详细介绍定子的工作原理。

为简明起见，各相绕组均用一个集中线圈表示，虚线为各相绕组的轴线，三相绕组分别互差120°，如图2-1-6所示。

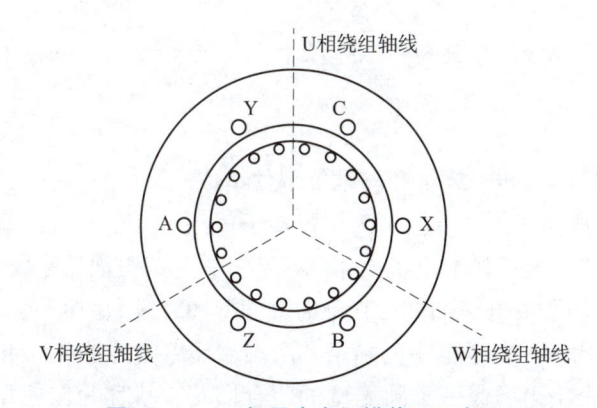

图 2-1-6　三相异步电机横截面示意图

通入三相绕组的三相对称电流分别为：

$$\begin{cases} i_A = I_m \sin \omega t \\ i_B = I_m \sin(\omega t - 120°) \\ i_C = I_m \sin(\omega t - 240°) \end{cases}$$

三相电流波形图如图2-1-7所示。

规定当电流瞬时值为正值时，从每相绕组的首端（U_1，V_1，W_1）流入（用"×"表示），从尾端（U_2，V_2，W_2）流出（用"·"表示）。从三相电流波形图中可以看出：当$\omega t = 0°$时，U相没有电流，V相的电流为负，电流从V_2端流入，V_1端流出。W相的电流为正值，电流从W_1端流入，W_2端流出。根据右手定则可以分析出，此时定子绕组合成的磁场的方向是指向U_2点方向，如图2-1-8所示。同理分析，当$\omega t = 60°$时，合成的磁场方向是指向W_1点方向，如图2-1-9所示。以此类推，当三相电流经过一个周期（360°）时，磁场随着电流周期性的变化而转动，也旋转一个周期（360°）。磁场的旋转方向取决于三相电流接入的相序。

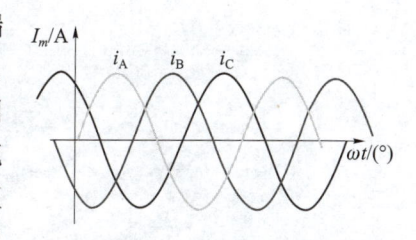

图 2-1-7　三相电流波形图

因此，尽管电机的定子是静止的，但是通以三相交流电后会产生同步的旋转磁场，用旋转的磁场代替了旋转磁极。

三相交流电

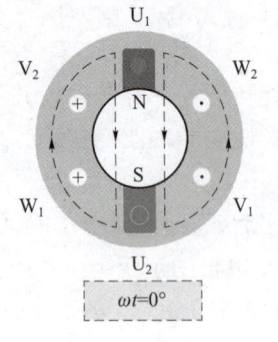

图 2-1-8　$\omega t=0°$ 时刻磁场方向 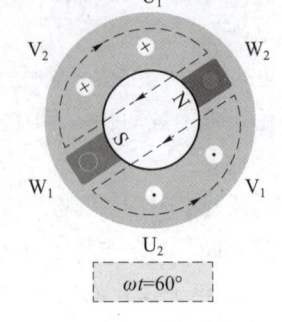　　　图 2-1-9　$\omega t=60°$ 时刻磁场方向

定子工作原理

(2) 转子。

转子是电机的转动部分，在旋转磁场作用下获得转动转矩。按转子的构造可分为鼠笼型转子和绕线型转子。

1) 转子组成。

转子主要由转子铁心、转子绕组和转轴等部件组成。

① 转子铁心：构成主磁路，外圆槽内放置转子绕组。由 0.5 mm 厚的硅钢片叠压而成，套在转轴上；转子铁心一方面作为电机磁路的一部分，另一方面用来安放转子绕组。

② 转子绕组：是转子的电路部分。其分为鼠笼型和绕线型两种。

a. 鼠笼型绕组：由插入转子槽中的导条和两端端环组成，是自行闭合的对称多相绕组。由于去除铁心后，整个绕组形成一个圆笼型的闭合回路，故称为鼠笼型绕组。小型鼠笼型电机一般采用铸铝转子，中、大型一般采用铜条转子。如图 2-1-10 所示是鼠笼型绕组。

b. 绕线型绕组：由绝缘导线组成的三相绕组镶嵌在转子的槽内，绕组的 3 个出线端连接在轴上的 3 个集电极上，再由电刷（由润滑性与导电性良好的石墨质材料压制而成）和集电环（多采用黄铜或锰钢等导电良好、润滑耐磨的材料制成）引出。绕线型转子可以串入外加电阻来改善电机的起动和调速性能。与鼠笼型相比，绕线型结构更复杂，价格也更贵。绕线型异步电机转子如图 2-1-11 所示。

图 2-1-10　鼠笼型绕组 　　　图 2-1-11　绕线型异步电机转子

③ 转轴：主要是由中碳钢材料制成，起到支撑和固定转子铁心以及传递转矩的作用。

2) 转子原理。

鼠笼型转子和绕线型转子工作原理类似，下面以鼠笼型转子为例介绍转子的原理。

转子之所以会转动是因为定子产生的旋转磁场切割了鼠笼型转子的铜条,使导体产生感应电流,而有电流的铜条在磁场的作用下产生洛伦兹力,由于转子内导体总是对称布置的,因而导体上产生的力正好方向相反,从而形成电磁转矩,在这种电磁转矩的推动下,鼠笼型转子就转动起来了。

转子原理

(3) 气隙。

定子和转子之间不是紧密接触的,而是有一定的气隙(见图2-1-12),此气隙是指电机定子与转子之间的空隙,气隙的大小对异步电机的性能、运行可靠性影响较大。气隙过大,将使磁阻增大,要达到同样磁场强度所需励磁电流大幅增加,励磁损耗也随之大幅增大,电机功率因数显著下降,使电机的性能恶化。而气隙过小,会使气隙谐波磁场增大,电机杂散损耗和噪声增加,使最大转矩和起动转矩都减小;另一方面,气隙太小还容易使运行中的转子与定子相擦,甚至卡死导致转子不转,降低了运行的可靠性,也给装配带来困难。中小型的电机气隙一般为0.2~2 mm。

图 2-1-12 气隙

(4) 前后端盖、风扇罩。

在机座两端要安装端盖,端盖起着支撑转子的作用,同时密封电机,能很好地防尘。端盖中部是轴承安装孔,安装好轴承后盖上轴承盖,在电机的后端还有风扇罩。风扇罩端部开有通风孔,风扇旋转时就像离心风机,空气从风扇罩端部进入,从风扇罩与端盖之间的空隙吹出,吹向机座上的散热片,大大加速了电机的散热。

前后端盖及风扇罩如图2-1-13所示。

图 2-1-13 前后端盖及风扇罩

(5) 传感器。

目前用于三相异步电机上的传感器主要是旋转变压器。旋转变压器是一种输出电压与转子转角保持一定函数关系的感应式微电机。它是一种将角位移转换为电信号的位移传感器，也是能进行坐标换算和函数运算的解算元件。

正余弦式旋转变压器如图2-1-14所示。

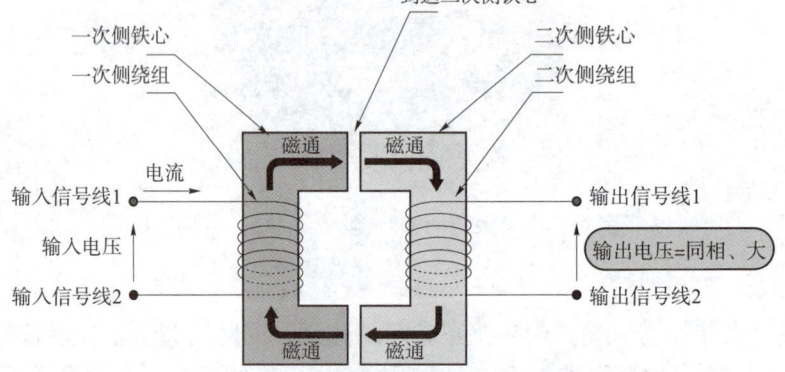

图 2-1-14 正余弦式旋转变压器

旋转变压器的一、二次侧绕组分别放在电机的定、转子上，一次侧绕组与二次侧绕组之间的电磁耦合程度与转子的转角密切相关。从结构上看，旋转变压器相当于一台两相的绕线转子异步电机；从原理上看，旋转变压器相当于一台可以转动的变压器。

3. 工作原理

（1）基本工作原理。

在三相交流异步电机定子中通入三相交流电，会在电机的气隙中产生旋转磁场，旋转磁场切割转子的导体，在导体内产生感应电动势（感应电动势方向用右手定则判断）和感应电流。转子导体在感应电流和旋转磁场的共同作用下，将会产生电磁力（电磁力方向用左手定则判断），对称布置的导体受到的电磁力方向相反，从而产生电磁力矩来驱动转子跟随旋转磁场一起旋转，这样就把电能转换成了机械能。无外力影响的情况下，转子旋转的速度低于定子磁场旋转的速度。

从上述基本原理可以看出，转子和旋转磁场之间要存在一定的相对转速（不同步）时才能产生力矩，否则电机将无法转动，这也是异步电机名称的由来。定子磁场旋转的速度 n_1 与转子旋转的速度 n 之差与定子磁场旋转的速度 n_1 之比，就是转差率，用 s 表示，即：

$$s = \frac{n_1 - n}{n_1} \times 100\%$$

定子磁场旋转的速度 n_1 与定子绕组的供电频率 f_1 和电机磁极对数 p 有关。

$$n_1 = \frac{60 f_1}{p}$$

（2）旋转磁场的方向。

定子产生的旋转磁场的方向取决于三相交流电的相序。因此，改变旋转磁场的方向只需要换接三相电流中的两相，同时这也是实现电机的正转和反转的一种方法。

（3）磁极。

定子绕组的每组线圈都会产生 N、S 磁极，一个 N 极和 S 极就是一个极对，电机磁极对数用 p 表示。每台电机的磁极对数在电机制造时就已确定，是个定量。

电机磁极对数 p 与定子绕组的排列有关。如图 2-1-15（a）所示是将每相绕组分成两段，如图 2-1-15（b）所示是当 $\omega t = 0°$ 时定子绕组产生的磁场，可以看出此时形成的磁场是两对磁极。

图 2-1-15 磁极对数

（a）将每相绕组分成两段；（b）$\omega t = 0°$ 时定子绕组产生的磁场；（c）$\omega t = 0°$ 时的波形图

（4）运行状态及影响因素。

异步电机的运行状态根据转差率 s 或转子转速 n 的不同可以分为 3 种状态：电动机运行状态、发电机运行状态、电磁制动状态。

1）电动机运行状态。

当 $0 < n < n_1$ 或 $0 < s < 1$ 时为电动机运行状态。此时，转子由定子的旋转磁场带动，速度低于旋转磁场，电机将电功率转换成机械功率。电磁转矩为驱动力矩，克服负载做功。转子实际转速取决于负载的大小。

2）发电机运行状态。

当 $n > n_1$ 或 $s < 0$ 时为发电机运行状态。在外力矩的作用下（如惯性转矩、重力转矩），使转子的速度 n 高于定子的旋转磁场转速 n_1，此时旋转磁场切割转子导体的方向将相反，由此产生的感应电动势和感应电流的方向也相反（右手定则），电磁力矩也会变成制动力矩（左手定则），再经过磁动势平衡作用，定子中的电流也随之改变方向，此时就将转子的机

械功率输出为电功率,异步电机为发电机运行状态。

当新能源汽车处于制动状态或处于下坡行驶时,此时要求电机转子的速度不能过高,但是又要求实现充电反馈,可以通过减小旋转磁场的速度来满足要求,从 $n_1 = \dfrac{60f_1}{p}$ 式中不难发现,减小电源供电频率 f_1 就可以实现充电反馈。

3) 电磁制动状态。

当 $n<0$ 或 $s>1$ 时为电磁制动状态。如果用外力拖动电动机转子逆着旋转磁场的旋转方向转动,则旋转磁场将以高于同步转速的速度 ($n+n_1$) 切割转子导体,切割方向与电动机运行状态时相同。因此转子电动势、转子电流和电磁转矩的方向与电动机运行状态时相同,但电磁转矩与转子转向相反,对转子的旋转起制动作用,故称为电磁制动状态。此时电机一方面从电网吸收电能,另一方面通过轴吸收外界的机械能,两部分功率变为在电机内部的损耗成为内能,异步电机处于电磁制动状态,也称为"反接制动"状态。

例如起重机下放重物时,为限制下放速度,使异步电机运行于电磁制动状态。

异步电机运行状态对比如表 2-1-1 所示。

表 2-1-1 异步电机运行状态对比

状态	电动机运行	电磁制动	发动机运行
实现	定子绕组接对称电源	外力使电机沿磁场反方向旋转	外力使电机快速旋转
转速	$0<n<n_1$	$n<0$	$n>n_1$
转差率	$0<s<1$	$s>1$	$s<0$
电磁转矩	驱动	制动	制动
能量关系	电能转变为机械能	电能和机械能变成内能	机械能转变为电能

4. 特点及应用

(1) 特点。

交流异步电机具有结构简单、制造容易、价格低廉、运行可靠、维护方便、坚固耐用等一系列优点。异步电机有较高的运行效率和较好的工作特性,从空载到满载范围内接近恒速运行,能满足大多数工农业生产机械的传动要求。

与直流电机相比,其起动性和调速性能较差;与同步电机相比,其功率因数不高,在运行时必须向电网吸收滞后的无功功率,对电网运行不利。但随着科学技术的不断进步,异步电机调速技术的发展较快,在电网功率因数方面,也可以采用其他办法进行补偿。

(2) 应用。

异步电机主要用作电动机,拖动各类生产机械,其功率范围从几瓦到上万千瓦,是国民经济各行业和人们日常生活中应用最广泛的电动机,为多种机械设备和家用电器提供动力。例如机床、中小型轧钢设备、风机、水泵、轻工机械、冶金和矿山机械等,大都采用三相异步电机拖动;电风扇、洗衣机、电冰箱、空调器等家用电器则广泛使用单相异步电机。异步电机也可作为发电机,用于风力发电厂和小型水电站等。

应用车型:特斯拉 Model S、Model X、江铃 E200、江铃 E100、江铃 E160、众泰云 100S、芝麻 E30 等。

知识拓展

目前在特斯拉车型中，四驱版本的特斯拉 Model 3/Y 的前电机，采用了内部代号为 3D3 的感应异步电机，该电机的最大功率为 137 kW，最大扭矩为 219 N·m，为了直观地简单了解电动机的好坏，需要引入一个公式：$P = T \times N/9\,550$，其中，P 为功率、T 为扭矩、N 为转速。在通常情况下，N 的数值越高，电机的性能越强，在知道 P 和 T 的情况下，N 便可以推导出来了，而公式也变成了：$N = 9\,550 \times P/T$。

特斯拉的四驱车型采用了前感应异步后永磁同步的布局，这是因为：首先，特斯拉的四驱车型对加速要求更高，感应异步电机的爆发力更强，提速效率也会更高；其次，感应异步电机还有一个特点，在匀速行驶中，可以断开驱动感应异步电机的电流，使其不参与工作，达到一个节省电量的目的。同样的做法在永磁同步电机上并不实用，永磁同步电机在空转状态下是有阻力的，虽然可以利用这个阻力发电，但相对而言得不偿失。

特斯拉的感应异步电机具有的一个优势是，其散热方式采用了油水热交换的形式，其内部的齿轮油不仅可以润滑电机，同时还可以带走一部分热量，冷却效率会比普通液冷散热方式更高。

特斯拉汽车四驱车型底盘如图 2-1-16 所示。

图 2-1-16　特斯拉汽车四驱车型底盘

任务工单

工单1　交流异步电机结构与工作原理

学生姓名		班级		学号	
实训场地		日期		车型	
任务要求	\(1\) 能够识别交流异步电机各个部件； \(2\) 能完成交流异步电机的拆装					
相关信息	\(1\) 三相异步电机主要由　　　　、　　　　、　　　　、　　　　等组成。 \(2\) 定子主要由　　　　、　　　　、　　　　等部分组成。 \(3\) 三相绕组之间相差　　　　°。 \(4\) 三相绕组的连接方式有　　　　和　　　　。 \(5\) 转差率是指　　　　。 \(6\) n_1、f_1、p 之间的关系：　　　　。 \(7\) 定子产生的旋转磁场的方向取决于　　　　。 \(8\) 异步电机的运行状态根据转差率 s 或转子转速 n 的不同可以分为　　　　、　　　　、　　　　。 \(9\) 当 $0<n<n_1$ 或 $0<s<1$ 时为　　　　运行状态。 \(10\) 三相异步电机的工作原理： 　　　　 　　　　 					
计划 与 决策	请根据任务要求，确定所需要的场地和物品，并对小组成员进行合理分工，制订详细的工作计划。 1. 人员分工 小组编号：　　　　，组长：　　　　 小组成员：　　　　 我的任务：　　　　 2. 准备场地及物品 检查并记录完成任务需要的场地、设备、工具及材料。 \(1\) 场地。 检查工作场地是否清洁及存在安全隐患，如不正常，请汇报老师并及时处理。 记录：　　　　 　　　　 \(2\) 设备及工具。 检查防护设备和工具：　　　　 　　　　 记录操作过程中使用的设备及工具：　　　　 					

续表

计划与决策	（3）安全要求及注意事项。 1）实训汽车停在实训工位上，没有经过老师批准不准起动，经老师批准起动，首先应先检查车轮的安全顶块是否放好，手制动是否拉好，排挡杆是否放在 P 挡（A/T），车前是否没有人； 2）禁止触碰任何带安全警示标示的部件； 3）当拆卸或装配高压配件时，需断开 12 V 电源，并进行高压系统断电； 4）在安装和拆卸过程中，应防止制动液、冷却液等液体进入或飞溅到高压部件上； 5）实训期间禁止嬉戏打闹。 3. 制订工作方案 根据任务，小组进行讨论，确定工作方案（流程/工序），并记录。 ＿＿＿
实施与检查	（1）识别交流异步电机各组成部件，并介绍其功用。 ＿＿＿ （2）写出交流异步电机拆装顺序。 ＿＿＿ （3）总结操作中的注意事项。 ＿＿＿ （4）电机拆装完成后，进行以下检查： ① 有无遗漏的部件未安装？ ＿＿＿＿＿＿＿＿＿＿＿＿＿＿＿＿＿＿＿＿＿＿＿＿＿＿＿＿＿ ② 安装部件的螺栓扭矩是否达到要求？ ＿＿＿＿＿＿＿＿＿＿＿＿＿＿＿＿＿＿＿＿＿＿＿＿＿＿＿＿＿
评估	（1）请根据自己任务完成的情况，对自己的工作进行自我评估，并提出改进意见。 ＿＿＿＿＿＿＿＿＿＿＿＿＿＿＿＿＿＿＿＿＿＿＿＿＿＿＿＿＿ （2）评分（总分为自我评价、小组评价和教师评价得分值的平均值）。 自我评价：＿＿＿＿＿＿ 小组评价：＿＿＿＿＿＿ 教师评价：＿＿＿＿＿＿ 总　　分：＿＿＿＿＿＿

任务 2　永磁同步电机结构与工作原理

任务目标

知识目标
（1）掌握永磁同步电机的基本结构；
（2）掌握永磁同步电机的特点及应用。

能力目标
（1）能分析永磁同步电机的工作原理；
（2）具备电机拆装与检测的能力。

素养目标
（1）培养学生团结协作的能力；
（2）培养学生精益求精的工作态度。

任务描述

小李在某电动汽车品牌 4S 店工作，今天接待客户时，有客户问到，为什么现在大多数新能源汽车上都配的永磁同步电机？永磁同步电机有什么特点？如果你是小李，你会如何向客户讲解呢？

学习流程与活动

1. 概述

永磁同步电机也叫永磁电机、稀土永磁同步电机、交流永磁同步电机等，它具有高效、高控制精度、高转矩密度等优点，与其他类型的电机相比较，在相同的质量和体积下，永磁同步电机能为新能源汽车提供最大的动力输出和加速度。因此对空间和自重要求极高的新能源汽车行业来说，永磁同步电机是电动汽车的首选电机。

所谓永磁，是指在电机转子中加入永磁体，使得转子无须励磁电流，避免了励磁损耗，提高了电机的效率，并使电动机结构更为简单。同时降低了加工和装配费用，省去了易出问题的电环和电刷，提高了电机的可靠性。

所谓同步，指转子的转速与定子绕组的电流频率始终保持一致，因此通过控制电机的定子绕组输入电流频率，电动汽车的车速将最终被控制。

2. 永磁同步电机构造

永磁同步电机主要由定子、转子、端盖、机座等组成。一般来说，永磁同步电机的定子结构与普通的感应电机的结构非常相似，主要区别在于转子上放有高质量的永磁体。

永磁同步电动机剖面图如图 2-2-1 所示。

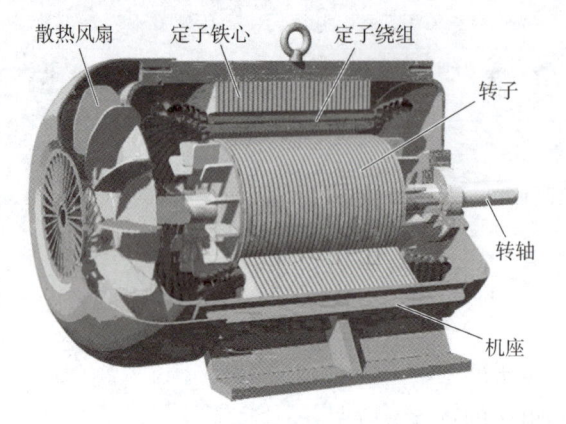

图 2-2-1 永磁同步电机剖面图

（1）定子。

定子主要由定子铁心、定子绕组和机座、接线盒等组成。定子铁心是电机主磁路的一部分，一般由冲压后的硅钢片（厚度为 0.35 mm 或 0.5 mm）紧密叠装而成，定子铁心的内圆上均匀地分布着定子槽，主要用来嵌放定子绕组。

定子铁心与绕组如图 2-2-2 所示，机座与定子如图 2-2-3 所示。

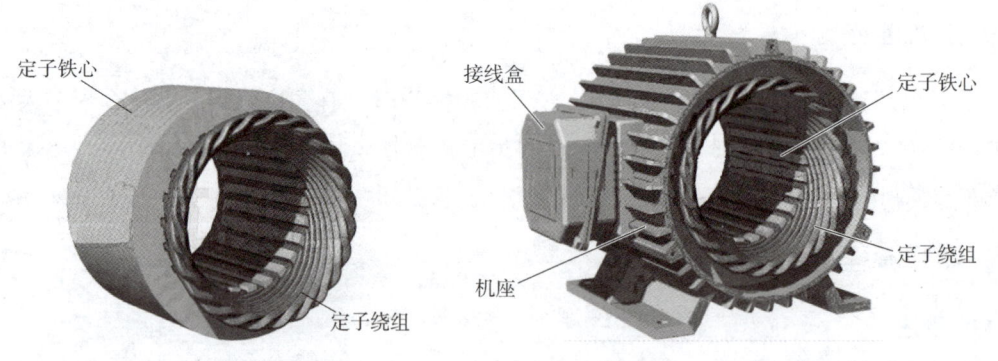

图 2-2-2 定子铁心与绕组　　图 2-2-3 机座与定子

定子绕组是定子的电路部分，一般制成多相（三、四、五相不等），通常为三相绕组。三相绕组沿定子铁心对称分布，在空间上互差 120°，当通入时间上互差 120°的三相交流电时，随着电流大小和方向的周期性变化，定子绕组将会产生一个恒幅的旋转磁场，旋转速度为 $n_s = \dfrac{60f}{p}$，其中 f 为定子绕组中通入电流的频率，p 为电动机的极对数，此旋转磁场会与同极数的转子永磁体产生的磁场之间形成磁拉力，从而牵引转子与旋转磁场同步旋转。

（2）转子。

永磁同步电机转子是指电机运行时的旋转部分，通常由转子铁心、永磁体磁钢和转轴组成，与普通异步电机不同的是，其转子上安装有永磁磁极。目前，常用的永磁材料是钕铁硼合金（NdFeB），按永磁体在转子上安装位置的不同，永磁同步电机通常分为 3 大类：

面贴式、插入式以及内嵌式。所谓面贴式是指将永磁磁钢直接粘贴在转子铁心表面的结构形式；插入式与面贴式类似，区别在于永磁磁钢是嵌入转子外表面，而内嵌式是将永磁磁钢埋装在转子内部。

面贴式永磁同步电机的永磁体通常呈瓦片形，安装在转子铁心的外表面，具有结构简单、制造方便、转动惯性小等优点，但是由于永磁体暴露在气隙侧，且永磁材料的磁导率和空气接近，其有效气隙长度较大，因此永磁体更容易退磁。此外，这种结构交、直轴电感基本相等，是一种隐极式电机，无凸极效应和磁阻转矩，如图2-2-4所示是面贴式永磁转子模型图及磁极和磁通走向。

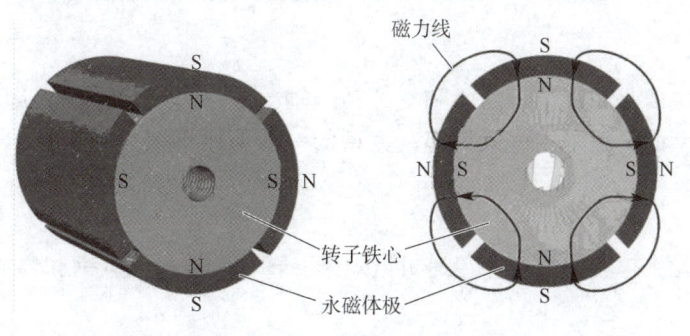

图2-2-4 面贴式永磁转子模型图及磁极和磁通走向

插入式永磁同步电机的永磁体是固定在铁心内侧的，交轴方向的上气隙比直轴的小，交轴电感比直轴的大，是一种凸极式电机，会产生磁阻转矩，在一定程度上提高了转矩密度。但其制作成本和漏磁系数（永磁体所产生的总磁通和有用磁通之比）比面贴式高，如图2-2-5所示是插入式永磁转子模型图及磁极和磁通走向。

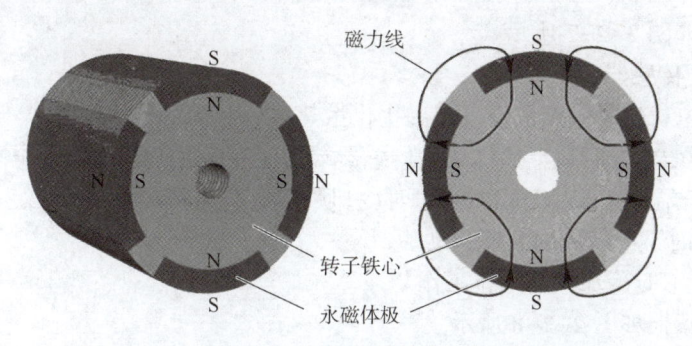

图2-2-5 插入式永磁转子模型图及磁级和磁通走向

内嵌式永磁同步电机中的永磁体是安置在转子内部的，结构虽然比较复杂，但有高气隙的磁通密度，跟面贴式的电机相比会产生很大的转矩；因为转子永磁体的安装方式选择嵌入式，永磁体在被去磁后带来危险的可能性较小，因此电机能够在更高的旋转速度下运行，并且不需要考虑转子中永磁体是否会因为离心力过大而被破坏。如图2-2-6所示是内嵌式永磁转子模型图及磁极和磁通走向。

按照永磁体的磁化方向和转子旋转方向的关系，内嵌式永磁同步电机又可分为径向式、切向式和混合式3种。

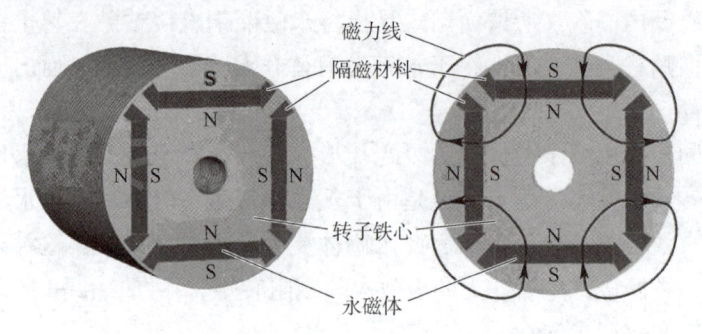

图 2-2-6　内嵌式永磁转子模型图及磁极和磁通走向

（3）机座。

机座的作用主要是固定定子铁心和支撑转子轴，要求具有足够的强度和良好的通风散热条件，中、小型的一般采用铸铁机座，大型的一般采用钢板焊接机座，其外壳通常铸有散热片或者水道。

（4）转轴。

转轴的作用是支撑转子铁心，传递机械效率。转轴一般由低碳钢和合金钢制成。

（5）端盖。

端盖主要是起支撑转子、密封和防尘的作用。

（6）传感器。

1）旋变传感器。

功用：主要监测电机转子的转速和转子的位置，并反馈给电机控制器。

构造：传感器线圈固定在壳体上，信号齿圈固定在转子上。

传感器线圈：励磁、正弦、余弦 3 组线圈组成一个传感器。

旋变传感器如图 2-2-7 所示。

2）电机温度传感器。

功用：检测电机定子绕组的温度，并提供散热风扇起动的信号。

阻值：温度在 25 ℃时拔下插件测量传感器端子应有 1 000 Ω±10%的电阻。

散热风扇起动温度：45 ℃≤T<50 ℃时冷却风扇低速起动。

温度≥50 ℃时，冷却风扇高速起动。

温度降至 40 ℃时冷却风扇停止工作。

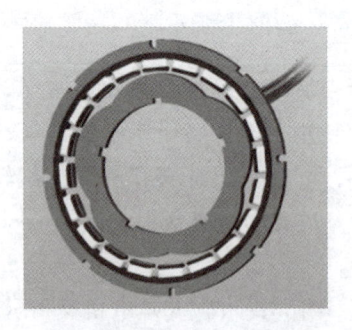

电机温度传感器如图 2-2-8 所示。

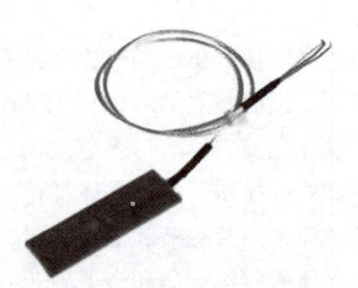

图 2-2-7　旋变传感器　　　　图 2-2-8　电机温度传感器

3. 工作原理

一般感应电机的转子磁场是由转子绕组中的电流产生的，而转子绕组的电流是由定子旋转磁场感应的；对于永磁同步电机，由于直接在转子上嵌上永久磁体，直接产生磁场，这就省去了励磁电流或感应电流的环节。

永磁同步电机

在永磁同步电机定子的三相对称绕组中通入三相对称电流，定子上产生旋转磁场。由于转子磁场与定子旋转磁场无关，而且其磁极方向是固定的，那么根据同性相斥、异性相吸的原理，定子的旋转磁场就会拉动转子旋转，并且使转子磁场及转子与定子旋转磁场"同步"旋转，这就是同步电机的工作原理。

永磁同步电机的运动状态有 3 种。

首先是电动机状态（见图 2-2-9）。

在电机外部带有负载的情况下，定子通入三相交流电后所产生的旋转磁场在相位上领先一个角度，使定子磁场与转子磁场之间出现一个夹角，拉动转子转动。这时电能转化为机械能输出，电机表现为电动机。

其次是理想空载状态（见图 2-2-10）。

当电机在理想空载情况下，转子与定子的磁极相对处于磁场平衡状态，转差率为 0，电机稳定运转。

最后是发电机状态（见图 2-2-11）。

当转子在外力的作用下发生旋转时，转子磁场发生旋转，定子线圈切割转子磁场，在定子线圈中产生感应电流，从定子线圈流回电机控制器，通过逆变后充入动力电池组。

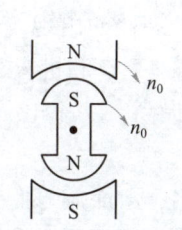

图 2-2-9　电动机状态　　　图 2-2-10　理想空载状态　　　图 2-2-11　发电机状态

4. 特点与应用

（1）特点。

我国稀土资源丰富，为新能源汽车驱动电机行业带来了良好的发展基础。当前我国对稀土资源的加工与提炼技术已达到国际领先水平，有效推动了新能源汽车永磁同步电机的发展与应用。比亚迪、一汽、东风、长安、奇瑞等中国车企和厂商基本都使用永磁同步电机作为新能源汽车驱动电机。国内永磁同步电机技术相当成熟，与国外差距较小，其中高铁用永磁同步电机已达世界一流。目前国内已在高性能导磁硅钢、高性能永磁材料以及电机位置转速传感器等方面取得了重大突破，促进了我国永磁同步电机向高速、高转矩、大功率方向发展。虽然在峰值转速、功率密度、峰值效率、冷却方式等领域仍有微小差距，但整体上我国也处于世界前列。

在新能源汽车驱动电机中，永磁同步电机和新能源汽车的要求具有良好的兼容性。总结起来永磁同步电机具有以下特点：

1）用永磁体取代绕线式同步电机转子中的励磁绕组，省去了励磁线圈、滑环和电刷，以电子换向实现无刷运行，结构简单，运行可靠；

2）永磁同步电机的转速与电源频率间始终保持准确的同步关系，控制电源频率就能控制电机的转速；

3）永磁同步电机具有较硬的机械特性，对于因负载的变化而引起的电机转矩的扰动具有较强的承受能力；

4）永磁同步电机转子为永久磁铁无须励磁，因此电机可以在很低的转速下保持同步运行，调速范围宽；

5）永磁同步电机与异步电机相比，功率因数高；

6）体积小、质量轻；

7）结构多样化，应用范围广。

永磁同步电机由于具有较高的质量功率密度、更大的输出转矩、优异的电机极限转速和制动性能，并且与其他类型的电机相比，相同质量与体积下，永磁同步电机能够为新能源汽车提供最大的动力输出与加速度，因此其成为现今电动汽车应用最多的电机。

但永磁材料在受到振动、高温或过载电流作用时，其导磁性能可能会下降，或发生退磁现象，有可能降低永磁同步电机的性能。另外，稀土式永磁同步电机要用到稀土材料，制造成本不太稳定。

（2）应用。

永磁同步电机起源于19世纪，但由于当时永磁材料性能差，电机效率和功率密度较低，直至20世纪中叶新型永磁材料（如钕铁硼磁体）诞生，永磁同步电机才得以广泛应用。

70年代，随着功率电子器件和微处理器的出现，使永磁同步电机实现了效率高和调速性好的模拟，从而开始大规模应用于高速列车和机床等领域。

进入21世纪，永磁材料性能大幅提高，功率电子技术和电机控制理论取得长足进步，永磁同步电机产业进入快速发展期。

目前，永磁同步电机在工业自动化、新能源汽车、风电等领域获得了广泛应用，已成为高效电机的主流产品，未来发展前景广阔。近十多年来，由于新技术、新工艺和新器件的涌现和使用，使永磁同步电机的励磁方式得到了不断的发展和完善。在自动调节励磁装置方面，也不断研制和推广使用了许多新型的调节装置。目前很多国家都在研制和试验用微型计算机配以相应的外部设备构成的数字自动调节励磁装置，这种调节装置将实现自适应最佳调节。

永磁同步电机在工农业生产中也得到大量应用，例如风机、泵、压缩机、普通机床等。永磁同步电机成本较低，结构简单牢靠，维修方便，很适合该类机械的驱动。

此外，凭借永磁同步电机自身的优势，广大新能源汽车制造商首选永磁同步电机，应用车型包括：比亚迪秦、比亚迪宋DM、宋EV300、北汽EV系列、腾势400、众泰E200、荣威ERX5等。

5. 永磁同步电机的发展瓶颈

当前永磁同步电机面临以下3方面的技术难点：

1）功率密度。

功率的提升有两种途径，一种是提高扭矩，另一种是提高转速。前者主要问题是过载电流加大，造成发热量高，给散热造成较大压力；后者是高速时铁磁损耗大，需采用高性能低饱和硅钢片，从而使成本提高，或采用复杂的转子结构，但影响功率密度。

2）材料方面。

永磁材料也是制约永磁同步电机性能提升的重要因素，目前常用的永磁材料钕铁硼主要存在温度稳定性差、不可逆损失和温度系数较高以及高温下磁性能损失严重等缺点，从而影响电机性能。

3）生产工艺。

永磁同步电机在生产工艺方面的难点是制约大规模配套乘用车的重要因素。因为永磁同步电机生产企业缺乏产业化的积累，国内企业生产不良率较高，尤其是随着纯电动乘用车市场规模的扩大，较大的年产量给永磁同步电机带来了巨大的挑战。

6. 新能源车中对永磁同步电机的控制技术

永磁同步电机功率因数较高，制造时体积更小、耗材少，相比其他电机质量更小，同时永磁同步电机具有电磁脉动小、运行发热小、噪声小、可靠性高等优点。随着各行各业对电机控制以及效率要求的提高，永磁同步电机的控制技术也成为研究重点，常用的控制技术有矢量控制、直接转矩控制、恒压频比开环控制等。

（1）矢量控制。

矢量控制是目前应用最广泛的永磁同步电机的控制策略之一，它基于电机的数学模型和空间矢量调制技术，通过控制电机的转子磁场和定子电流来实现对电机的精准控制。矢量控制可以实现高动态性能和高效率，适用于各种负载下的应用。

矢量控制是以电机转子磁链的旋转空间矢量作为参考标准，同时将定子电流作为两个互相正相交的分量，即一个与磁链同方向，展示定子电流激励分量，另一个与磁链方向正交。交点阐释定子电流转矩分量需独自把控。永磁同步电机转速与工频严格同步，转差率为零，控制能力受转子参数的影响可能出现效果偏差，矢量控制在永磁同步电机上更容易得到有效反馈。因为把控结构不复杂，控制软件容易达到，在调速网络里有普遍的利用空间。总结起来，矢量控制的优点是有良好的转矩响应，精确的速度控制，零速时可实现全负载。缺点是矢量控制系统需要进行坐标变换，运算量大，而且还要考虑电机转子参数变动，系统比较复杂。

（2）直接转矩控制。

直接转矩控制是一种无转速传感器的控制策略。其通过测量电机的定子电流和转子磁链，来实现对电机转矩的直接控制。直接转矩控制不需要复杂的矢量坐标变换，控制结构简单，受电机参数变化影响小，可实现优良的动态性能。其缺点是逆变器开关频率不固定，转矩、电流脉动大，实现数字化控制需要很高的采样频率等。

（3）恒压频比开环控制。

恒压频比开环控制的损耗属于电机的外部损耗，即电压与频率。首先，控制系统将额定标准电压与频率传输至完成控制活动的逆变调节器中。其次，逆变器出现一个交变正弦电压并作用在电机的定子绕组，确保定子在预设的电压和频率下开始运行。恒压频比开环控制操作简单方便，速度主要由工频进行控制。但是，恒压频比开环控制未能加入转速、位置等反馈信号，无法及时获取到电机的具体情况，难以保证电磁转矩的高精准性。此外，恒压频比开环控制缺乏快速的动态回应特征，控制水平偏低。

每种控制策略都有其特点和适用范围，在选择控制策略时，需要综合考虑电机的负载特性、控制精度要求、成本等因素，并根据实际情况合理选择。选择合适的控制策略，可以实现对永磁同步电机的精准控制，提高电机的性能和效率。

知识拓展

永磁同步电机发展历程

1821 年，法拉第发现通电的导体能绕永久磁铁旋转，第一次成功实现了电能向机械能的转换，建立了电机的实验室模型，被认为是世界上第一台永磁电机。

1822 年，法国的吕萨克发明了电磁铁，即用通过绕在铁心上的线圈的方法产生磁场，这是一项重要的发明，但当时并未得到重视和应用。

1831 年，法拉第在发现电磁感应现象之后不久，利用电磁感应原理发明了世界上第一台真正意义上的电机——法拉第圆盘发电机。同年夏天亨利制作了一个简单的装置（震荡电动机），该装置的运动部件是在垂直方向上运动的电磁铁，当端部的导线与两个电池交替连接时，电磁铁的极性自动改变，电磁铁与永磁体相互吸引或排斥，使电磁铁以每分钟 75 个周期的速度上下运动，亨利的电动机第一次展示了由磁极排斥的吸引产生的连续运动，是电磁铁在电动机中的第一次真正运用。

1832 年，斯特金发明了换向器，并对亨利的震荡电动机进行了改造，制作了世界上第一台能产生连续运动的旋转电动机。

1834 年，德国的雅可比制造了一个简单的装置：在两个 U 形电磁铁中间装一个六臂轮，每臂带两根棒形磁铁。通电后，棒形磁铁与 U 形磁铁之间相互吸引或排斥，带动轮轴转动，安在小艇上的时速为 2.2 km，这是第一台实用电动机。与此同时，美国的达文波特也成功研制出印刷机驱动用电动机。

1845 年英国的霍斯通用电磁铁代替永磁磁铁，1857 年也发明了自励电励磁发电机，开创了电励磁方式的新纪元。

20 世纪中期，随着铝镍钴和铁氧体永磁的出现以及性能的不断提高，各种新型永磁电机不断出现，并得到了广泛的运用。而随着钕铁硼材料耐高温性能的提高和价格的降低，钕铁硼永磁电机在消防、工农业生产和日常生活等方面得到了越来越广泛的运用，永磁电机的品种和应用领域不断扩大。

任务工单

工单 2　永磁同步电机结构与工作原理

学生姓名		班级		学号	
实训场地		日期		车型	

任务要求	（1）能够识别永磁同步电机各个部件； （2）能完成永磁同步电机的拆装
相关信息	（1）永磁同步电机主要由_____、_____、_____、_____等组成。 （2）永磁的意思是_____。 （3）同步的意思是_____。 （4）永磁同步电机的工作原理： _____ _____ _____ （5）永磁同步电机和交流异步电机相比，有哪些区别？ _____ _____ _____ _____
计划与决策	请根据任务要求，确定所需要的场地和物品，并对小组成员进行合理分工，制订详细的工作计划。 1. 人员分工 小组编号：_____，组长：_____ 小组成员：_____ 我的任务：_____ 2. 准备场地及物品 检查并记录完成任务需要的场地、设备、工具及材料。 （1）场地。 检查工作场地是否清洁及存在安全隐患，如不正常，请汇报老师并及时处理。 记录：_____ _____ （2）设备及工具。 检查防护设备和工具：_____ _____ 记录操作过程中使用的设备及工具：_____ _____ （3）安全要求及注意事项。 1）实训汽车停在实训工位上，没有经过老师批准不准起动，经老师批准起动，首先应先检查车轮的安全顶块是否放好，手制动是否拉好，排挡杆是否放在 P 挡（A/T），车前是否没有人；

续表

计划与决策	2）禁止触碰任何带安全警示标示的部件； 3）当拆卸或装配高压配件时，需断开 12 V 电源，并进行高压系统断电； 4）在安装和拆卸过程中，应防止制动液、冷却液等液体进入或飞溅到高压部件上； 5）实训期间禁止嬉戏打闹。 3. 制订工作方案 根据任务，小组进行讨论，确定工作方案（流程/工序），并记录。 _____ _____ _____ _____
实施与检查	（1）识别永磁同步电机各组成部件，并介绍其功用。 _____ _____ _____ （2）写出永磁同步电机拆装顺序。 _____ _____ _____ （3）总结操作中的注意事项。 _____ _____ _____ （4）电机拆装完成后，进行以下检查： ① 有无遗漏的部件未安装？ _____ ② 安装部件的螺栓扭矩是否达到要求？ _____
评估	（1）请根据自己任务完成的情况，对自己的工作进行自我评估，并提出改进意见。 _____ （2）评分（总分为自我评价、小组评价和教师评价得分值的平均值）。 自我评价：_____ 小组评价：_____ 教师评价：_____ 总　　分：_____

· 60 ·

任务3 其他类型电机结构与工作原理

任务目标

知识目标
（1）掌握直流电机、轮边电机、轮毂电机和开关磁阻电机的基本结构；
（2）掌握直流电机、轮边电机、轮毂电机和开关磁阻电机的特点及应用。

能力目标
（1）能分析直流电机、轮边电机、轮毂电机和开关磁阻电机的工作原理；
（2）具备电机拆装与检测的能力。

素养目标
（1）培养学生安全意识；
（2）培养学生爱岗敬业的精神。

任务描述

老李是一家电动汽车4S店的车间主管，通过前面的培训，新入职的员工已经掌握了交流异步电机和永磁同步电机，现在经理让老李讲解一些其他类型的驱动电机，如果你是老李，你会介绍哪些类型的驱动电机呢？

知识链接

1. 直流电机

（1）概述。

直流电机是指通入直流电而产生机械运动的电动机，按励磁方式的不同，直流电机分为励磁绕组式电动机和永磁式电动机，前者的励磁磁场是可控的，后者的励磁磁场是不可控的。由于控制方式简单，控制技术成熟，直流电机曾广泛应用于早期电动汽车驱动系统。

（2）直流电机构造。

直流电机由静止的定子（励磁）和旋转的转子（电枢）两部分组成。定子和转子之间的间隙称为气隙。

直流电机如图2-3-1所示。

1）定子。

直流电机运行时静止不动的部分称为定子，定子的主要作用是产生磁场，由机座、主磁极、换向极、端盖、轴承和电刷装置等组成。

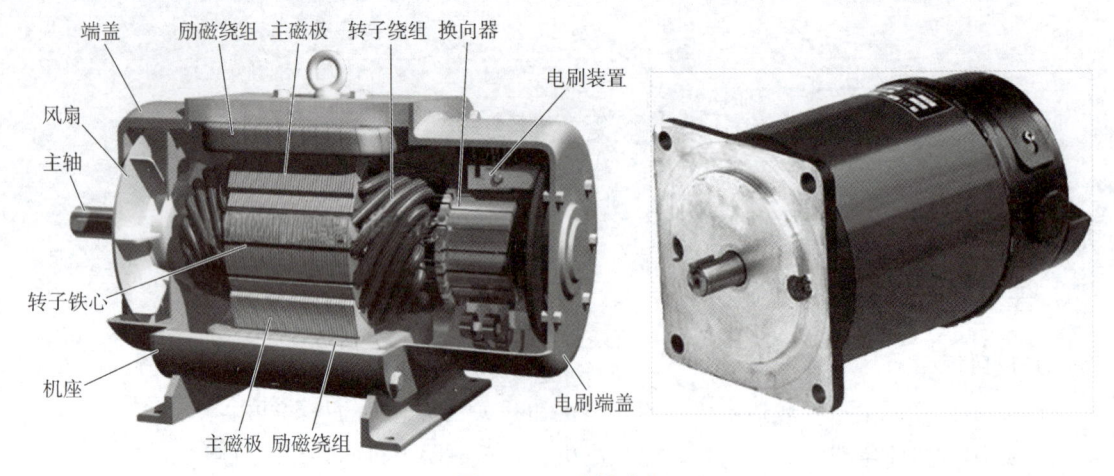

图 2-3-1 直流电机

① 主磁极。

主磁极的作用是产生气隙磁场。主磁极由主磁极铁心和励磁绕组两部分组成。铁心一般用 0.5~1.5 mm 厚的硅钢板冲片叠压铆紧而成，分为极身和极靴两部分，上面套励磁绕组的部分称为极身，下面扩宽的部分称为极靴，极靴宽于极身，既可以调整气隙中磁场的分布，又便于固定励磁绕组。励磁绕组用绝缘铜线绕制而成，套在主磁极铁心上。整个主磁极用螺钉固定在机座上。

② 换向极。

换向极的作用是改善换向，减小电机运行时电刷与换向器之间可能产生的换向火花，一般装在两个相邻主磁极之间，由换向极铁心和换向极绕组组成。换向极绕组用绝缘导线绕制而成，套在换向极铁心上，换向极的数目与主磁极相等。

③ 机座。

电机定子的外壳称为机座。机座的作用有两个：

一是用来固定主磁极、换向极和端盖，并起整个电机的支撑和固定作用；

二是机座本身也是磁路的一部分，借以构成磁极之间磁的通路，磁通通过的部分称为磁轭。为保证机座具有足够的机械强度和良好的导磁性能，一般为铸钢件或由钢板焊接而成。

④ 电刷装置。

电刷装置是用来引入或引出直流电压和直流电流的。电刷装置由电刷、刷握、刷杆和刷杆座等组成。电刷放在刷握内，用弹簧压紧，使电刷与换向器之间有良好的滑动接触，刷握固定在刷杆上，刷杆装在圆环形的刷杆座上，相互之间必须绝缘。刷杆座装在端盖或轴承内盖上，圆周位置可以调整，调好以后加以固定。

2）转子。

直流电机运行时转动的部分称为转子，其主要作用是产生电磁转矩和感应电动势，是直流电机进行能量转换的枢纽，所以通常又称为电枢，由电枢铁心、电枢绕组、换向器、转轴和风扇等组成。

① 电枢铁心。

电枢铁心是主磁路的主要部分，同时用以嵌放电枢绕组。一般电枢铁心采用由 0.5 mm 厚的硅钢片冲制而成的冲片叠压而成，以降低电机运行时电枢铁心中产生的涡流损耗和磁滞损耗。叠成的铁心固定在转轴或转子支架上。铁心的外圆开有电枢槽，槽内嵌放电枢绕组。

② 电枢绕组。

电枢绕组的作用是产生电磁转矩和感应电动势，是直流电机进行能量变换的关键部件，它由许多线圈按一定规律连接而成，线圈采用高强度漆包线或玻璃丝包扁铜线绕成，不同线圈的线圈边分上下两层嵌放在电枢槽中，线圈与铁心之间以及上、下两层线圈边之间都必须绝缘。为防止离心力将线圈边甩出槽外，槽口用槽楔固定。线圈伸出槽外的端接部分用热固性无纬玻璃带进行绑扎。

③ 换向器。

在直流电动机中，换向器配以电刷，能将外加直流电源转换为电枢线圈中的交变电流，使电磁转矩的方向恒定不变；在直流发电机中，换向器配以电刷，能将电枢线圈中感应产生的交变电动势转换为正、负电刷上引出的直流电动势。换向器是由许多换向片组成的圆柱体，换向片之间用云母片绝缘。

④ 转轴。

转轴起转子旋转的支撑作用，需有一定的机械强度和刚度，一般用圆钢加工而成。

（3）工作原理。

直流电机是根据通电电流的导体在磁场中受力的原理工作的。电机的转子上绕有线圈并通入电流，定子作为磁场线圈也通入电流，产生定子磁场，通电流的转子线圈在定子磁场中，就会产生电动力，推动转子旋转。转子电流是通过整流子上的碳刷连接到直流电源的。

直流电机的构造与原理要比交流电机简单，它的定子结构与交流电机的定子有很大不同。直流电机的定子磁场是一个固定磁场，转子绕组接通直流电源后，产生一个转子磁场。当定子磁场与转子磁场相互作用时，根据同性相斥、异性相吸的原理，转子绕组的一侧就会受到排斥，另一侧则会受到吸引，这样转子就会在两个磁场的相互作用下开始转动。但是，由于定子的电磁场是固定不变的，转子绕组只能转半圈就会停止不动，如图 2-3-2（a）和图 2-3-2（b）所示。如果此时采用换向器，将转子绕组中的电流方向改变，也就等同于改变了转子电磁场的方向，从而在同性相斥、异性相吸的电磁原理作用下，转子绕组又会继续转半圈，如图 2-3-2（c）和图 2-3-2（d）所示。然后，转子绕组电流再改变方向，转子又会转半圈。这样周而复始，转子绕组中的电流方向总在改变，那么转子就会不停地连续旋转起来。

直流电机工作原理

（4）特点与应用。

直流电机的优点是成本低、易控制、调速性能良好。其缺点是结构复杂、转速低、体积大、维护频繁。

在电动汽车发展早期，直流电机被作为驱动电机广泛应用，但是由于其结构复杂，导致它的瞬时过载能力和电机转速的提高受到限制，长时间工作会产生损耗，增加维护成本。因此，目前电动汽车行业已经基本将直流电机淘汰。

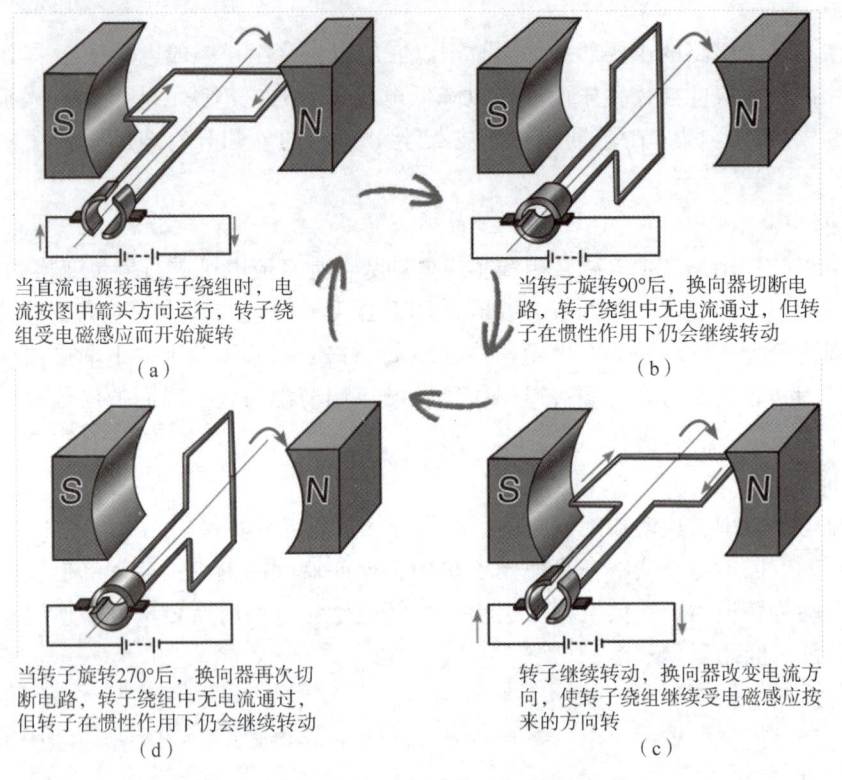

当直流电源接通转子绕组时,电流按图中箭头方向运行,转子绕组受电磁感应而开始旋转
(a)

当转子旋转90°后,换向器切断电路,转子绕组中无电流通过,但转子在惯性作用下仍会继续转动
(b)

当转子旋转270°后,换向器再次切断电路,转子绕组中无电流通过,但转子在惯性作用下仍会继续转动
(d)

转子继续转动,换向器改变电流方向,使转子绕组继续受电磁感应按来的方向转
(c)

图 2-3-2 直流电机工作原理

2. 开关磁阻电机

开关磁阻电机作为一种新型驱动电机,与直流电机、永磁同步电机、交流异步电机等相比,具有结构简单、运行可靠、调速性能优良、成本低等优点。目前,开关磁阻电机在电动车驱动、纺织工业和矿山作业应用较多。

开关磁阻电机是一种定子单边激励,定转子两边均为凸极结构的变磁阻式电动机。由于定子绕组由变频电源供电,电机必须在开关器件特定的开关模式下工作,所以通常称为开关磁阻电机。

(1) 组成。

主要由磁阻电机、功率变换器、传感器和控制器4部分组成。

1) 功率变换器的作用是将电源电压变换为其开关磁阻电机所需要的电压。

2) 传感器的作用是检测转子的位置和输入电流的大小。

3) 控制器是根据位置传感器检测到的定子与转子间相对位置信息,结合给定的运行命令(正转、反转)导通相应定子相绕组的主开关元件。

4) 开关磁阻电机的定子和转子采用凸极结构,定子和转子由硅钢片叠片组成,开关磁阻电机的定子和转子极数不同,有多种组合方式,最常见的是三相6/4结构和四相8/6结构。如图2-3-3所示是三相6/4结构的开关磁阻电机定子和转子,定子上有6个凸极,转子上有4个凸极。而四相8/6结构的开关磁阻电机的定子上有8个凸极,转子上有6个凸极。在定子相对称的两个凸极上的集中绕组相互串联,构成一相。转子上没有任何绕组。因此,定子上有6个凸极的为三相开关磁阻电机,定子上有8个凸极的为四相开关磁阻电机,以此类推。由于开关磁阻电机的定子凸极数不同,因此形成不同极数的开关磁阻电机。

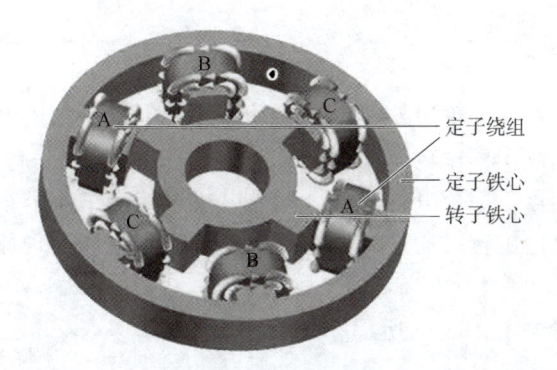

图 2-3-3　三相 6/4 结构的开关磁阻电机定子和转子

（2）工作原理。

如图 2-3-4 所示是四相 8/6 结构的开关磁阻电机结构,在定子 A 和 A′这两个绕组正向串联的情况下,电机内将形成一个两极磁场。假设定子上面的凸极为 N 极,下面的凸极为 S 极,则在最靠近 N 极和 S 极的转子的凸极 1-1′上将会受到一个逆时针方向的磁阻转矩,使上述提到的转子凸极转向对齐位置,使 A 相励磁磁动势形成的磁路的磁阻最小,自感变成最大。当转子凸极转到对齐位置时,磁阻转矩为零。接着,定子 A 相关断,B 相导通,于是定子的励磁磁动势和 N 极、S 极将转移到 B 相凸极的轴线处,转子继续转动。当转子凸极 2-2′达到对齐位置时,定子 B 相关断,C 相导通,再往后,C 相关断,D 相导通。以此类推,若四相绕组中的电流按规定的顺序和时间间隔导通和关断,转子上将会受到一个单方向的电磁转矩,使转子连续旋转。

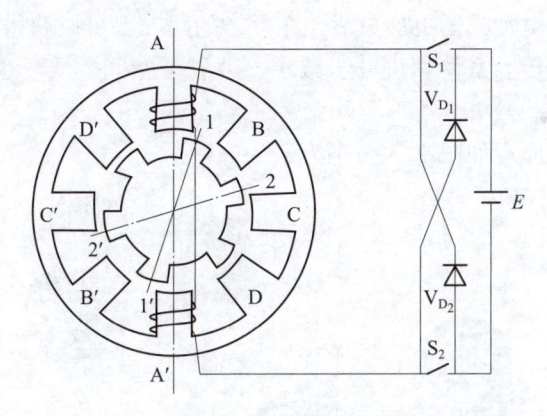

图 2-3-4　四相 8/6 结构的开关磁阻电机结构

（3）特点。

优点：结构简单、体积小、轻便、效率高、成本低。

缺点：噪声振动大、输出扭矩脉动。

特性：开关磁阻电机作为一种新型电机,相比其他类型的驱动电机,它的结构最为简单,定、转子均为普通硅钢片叠压而成的双凸极结构,转子上没有绕组,定子装有简单的集中绕组,具有结构简单、坚固、可靠性高、质量轻、成本低、效率高、温升低、易于维修等优点。而且它具有直流调速系统可控性好的优良特性，同时适用恶劣环境，适合作为电动汽车的驱动电机使用。

3. 轮边电机

（1）概述。

轮边电机是电机装在汽车轮边外部单独驱动车轮的电机，轮边电机动力是通过轮边减速器传递至车轮，驱动汽车车轮转动带动汽车前行。轮边电机由一台电机加上减速器组成，取消了主减速器和差速器，综合电耗较低。轮边电机可使汽车 4 个车轮进行单独的电机驱动，让每个车轮可以自由旋转，通过左右两侧车轮正反转就能实现原地掉头，使操作更加方便快捷。

轮边电机安装位置如图 2-3-5 所示。

图 2-3-5　轮边电机安装位置

（2）特点。

采用轮边电机的汽车，每个电机的转速可以独立调节控制，通过电子差速器来解决左右半轴的差速问题，使电动汽车更加灵活，在复杂的路况上可以获得更好的整车动力性能，由于采用电子差速器，传动系体积进一步减小，节省了空间，质量也进一步减小，提高了传动效率。

轮边电机汽车驱动原理如图 2-3-6 所示。

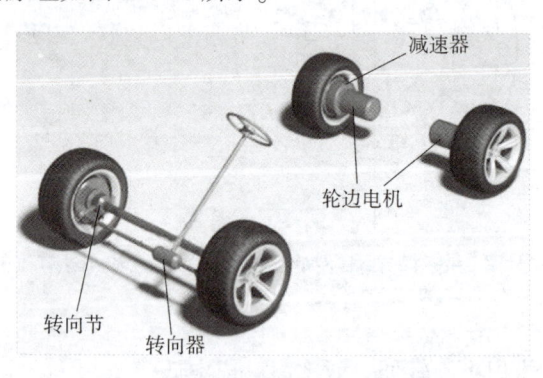

图 2-3-6　轮边电机汽车驱动原理

综合来看，轮边电机有以下优点：

1）电子差速控制技术实现转弯时内外车轮不同转速运动，而且精度更高；

2）取消机械差速装置有利于动力系统减小质量，提高传动效率，降低传动噪声；

3）有利于整车总布置的优化和整车动力学性能的匹配优化；
4）降低对电动汽车电机的性能指标要求，且具有可靠性高的特点。

但其缺点也比较明显，轮边电机的安装尤其是在后轴驱动的情况下，由于车身和车轮之间存在很大的变形运动，对传动轴的万向传动具有一定的限制，因此对车辆的操纵性和舒适性产生影响。正是因为轮边电机显著的优缺点，使其目前在商用车领域的应用前景好于在乘用车领域。

4. 轮毂电机

（1）概述。

把电机设计成饼状直接安装在车轮的轮毂中，这种电机称为轮毂电机。轮毂电机一端直接与车轮毂固定，另一端直接安装在悬架上，这种布置形式进一步缩短了电机和车轮之间的机械传动距离，节省了空间。

轮毂电机汽车驱动原理如图 2-3-7 所示。

图 2-3-7　轮毂电机汽车驱动原理

轮毂电机技术又称车轮内装电机技术，因为轮毂电机具备单个车轮独立驱动的特性，所以无论是前驱、后驱还是四驱形式，它都可以比较轻松的实现。

轮毂电机剖视图如图 2-3-8 所示。

图 2-3-8　轮毂电机剖视图

轮毂电机可以通过左右车轮的不同转速甚至反转，实现类似履带式车辆的差动转向，大大减小车辆的转弯半径，在特殊情况下几乎可以实现原地转向，这对于特种车辆相当有价值，所以这项技术多使用在特种车辆上，例如矿山车、工程车等。而且应用轮毂电机可以大大简化车辆的结构，传统的离合器、变速箱、传动轴将不复存在，这也意味着节省出更多的空间。更重要的一点是轮毂电机可以和传统动力并联使用，对于混合动力车型同样很有意义。

(2) 轮毂电机的结构。

轮毂电机的结构如图 2-3-9 所示。轮毂电机驱动系统根据电机的转子形式主要分成两种结构，即外转子式和内转子式。其中外转子式采用低速外转子电机，电机的最高转速为 1 000~1 500 r/min，无减速机构，车轮的转速与电机相同；而内转子式则采用高速内转子电机，配备固定传动比的减速器，为获得较高的功率密度，电机的转速可高达 10 000 r/min，减速结构通常采用传动比在 10∶1 左右的行星齿轮减速机构，车轮的转速在 1 000 r/min 左右。随着更为紧凑的行星齿轮减速器的出现，内转子式轮毂电机在功率密度方面比低速外转子式更具竞争力。

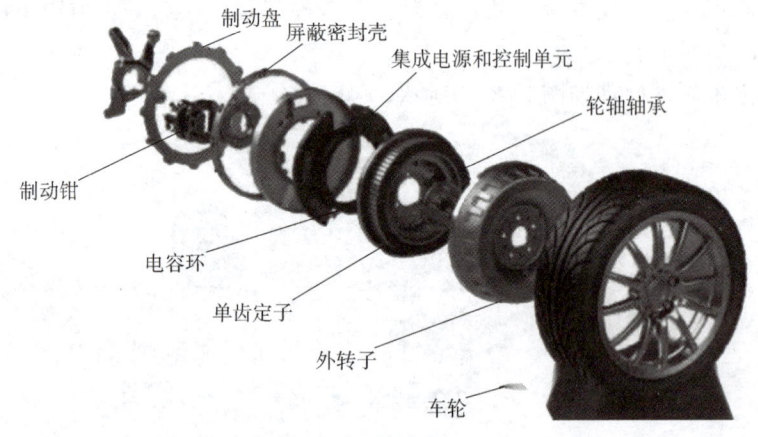

图 2-3-9 轮毂电机的结构

(3) 轮毂电机的驱动方式。

1) 减速驱动。

这种驱动方式采用高速内转子电机，其目的是获得较高的功率。减速机构布置在电机和车轮之间，起减速和增矩的作用，保证电动汽车在低速时能够获得足够大的转矩。电机输出轴通过减速机构与车轮驱动轴连接，使电机轴承不直接承受车轮与路面的载荷作用，改善了轴承的工作条件；采用固定速比行星齿轮减速器，使系统具有较大的调速范围和输出转矩，消除了车轮尺寸对电机输出转矩和功率的影响。

优点：比功率和比效率高，体积小，质量小；减速结构扭矩增大后，输出扭矩更大，爬坡性能好；可以保证汽车在低速行驶时获得较大的稳定扭矩。

缺点：难以实现润滑。行星齿轮减速结构的齿轮磨损快，使用寿命相对较短，不易散热，噪声大。

轮毂电机减速驱动方式如图 2-3-10 所示。

2) 直接驱动。

这种驱动方式采用低速外转子电机，其外转子直接与轮毂机械连接。电机布置在车轮内部，没有减速结构，电机直接驱动车轮带动汽车行驶。

优点：由于没有减速机构，整个驱动轮结构更加紧凑，轴向尺寸更小，传动效率更高。

缺点：起动、逆风或爬山时需要大电流，容易损坏电池和永磁体。电机效率峰值区小，负载电流超过一定值后效率迅速下降。

图 2-3-10 轮毂电机减速驱动方式

轮毂电机直接驱动方式如图 2-3-11 所示。

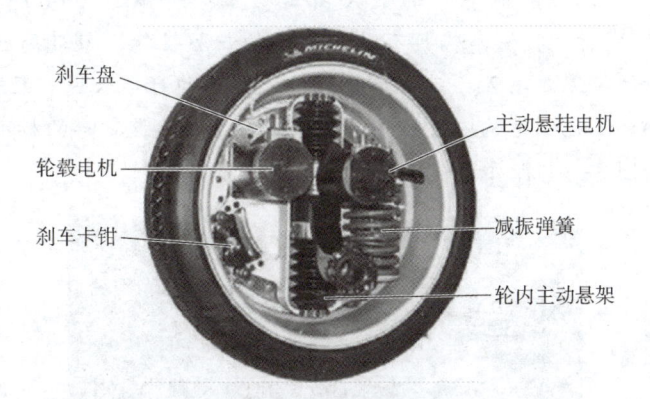

图 2-3-11 轮毂电机直接驱动方式

（4）轮毂电机的特点分析。

轮毂电机技术不同于传统的集中电机驱动装置，其在动力配置、传动结构、操控性能以及能源利用等方面的技术优势和特点较为明显，主要表现为以下 4 点：

第一，采用轮毂电机驱动，可以直接将传统的动力传动硬件改造成一种软连接式的结构形式，不需要安装传统汽车需要的离合器、变速器、机械操纵换挡式装置、传动轴、机械差速器等，可以优化汽车结构，同时拓宽车辆内部空间，提高空间利用率，优化整车布置，优化车身整体造型，有效满足车辆行驶的要求。

第二，轮毂电机传动系统结构简单，可有效提高传动效率，通过直接驱动车轮，可以对传统的传递路径进行改善，节省能量，减少损失，通过效率提升增加续航里程。

第三，容易实现轮毂的电气制动、机电复合制动和制动过程中的能量反馈，还能对整车能源实现高效利用并实施最优化控制与管理，有效节约能源。

第四，各轮毂扭矩独立可控，响应快捷，正反转灵活，瞬间动力性能更为优越，显著提高了适应恶劣路面条件的行驶能力。

但是轮毂电机驱动方式也存在一些缺陷和不足，轮毂电机这种结构形式使弹簧下的质量增加，影响到操控，进而使悬架的响应时间变长。电机在运行时所造成的热量，不容易散发，从而影响到电机的性能以及使用寿命。另外电机和轮毂是高度集成，而轮毂的工作环境比较恶劣，防水、防尘和防振方面存在较多不利的影响。

当前新能源汽车的制造中，多以永磁同步电机为主。而轮毂电机随着技术的不断完善和成熟，在新能源汽车市场中的应用会逐步扩大。

知识拓展

东风猛士

这是一台国产自主品牌的新能源硬派越野车，该车不仅拥有威猛大气的外观，而且还拥有全新的纯电驱动系统，并且还使用了技术先进的轮边电机，这样一来在四驱性能方面有着更加出色的表现。

相比车辆的外观来说，这款车型最大的特点就是采用了最新的动力系统，该车采用了全新的轮边电机，系统整车的最大输出功率将会高达1 000马力（1马力＝735.498 75 W），同时也将使车辆拥有非常出色的四驱性能以及越野性能，并且该车的百千米加速时间仅需要4.2 s，可以说对于一款硬派越野车来说已经非常出色，同时在硬件配置方面，三把锁结构以及空气悬架系统也都成为这款车的标准配置。

东风猛士如图2-3-12所示。

图2-3-12　东风猛士

任务工单

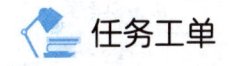

工单3　其他类型电机结构与工作原理

学生姓名		班级		学号	
实训场地		日期		车型	

任务要求	(1) 能区分直流电机、轮边电机、轮毂电机和开关磁阻电机； (2) 能识别各类电机的结构
相关信息	(1) 直流电动机将_____能转换为_____能输出。 (2) 开关磁阻电机是利用_____原理，也就是磁通总是沿磁阻最小的路径闭合，利用齿极间的吸引力拉动转子旋转。 (3) 开关磁阻电机的_____和_____由导磁良好的硅钢片压制而成。 (4) 什么是轮毂电机，有什么特点？ _____ _____ _____ (5) 什么是轮边电机，有什么特点？ _____ _____ _____
计划与决策	请根据任务要求，确定所需要的场地和物品，并对小组成员进行合理分工，制订详细的工作计划。 1. 人员分工 小组编号：_____，组长：_____ 小组成员：_____ 我的任务：_____ 2. 准备场地及物品 检查并记录完成任务需要的场地、设备、工具及材料。 (1) 场地。 检查工作场地是否清洁及存在安全隐患，如不正常，请汇报老师并及时处理。 记录：_____ (2) 设备及工具。 检查防护设备和工具：_____ 记录操作过程中使用的设备及工具：_____ _____

续表

计划与决策	(3) 安全要求及注意事项。 1) 实训汽车停在实训工位上，没有经过老师批准不准起动，经老师批准起动，首先应检查车轮的安全顶块是否放好，手制动是否拉好，排挡杆是否放在 P 挡（A/T），车前是否没有人； 2) 禁止触碰任何带安全警示标示的部件； 3) 当拆卸或装配高压配件时，需断开 12 V 电源，并进行高压系统断电； 4) 在安装和拆卸过程中，应防止制动液、冷却液等液体进入或飞溅到高压部件上； 5) 实训期间禁止嬉戏打闹。 3. 制订工作方案 根据任务，小组进行讨论，确定工作方案（流程/工序），并记录。 _____ _____ _____ _____
实施与检查	(1) 识别直流电机各组成部件，并介绍其功用。 _____ _____ _____ (2) 总结轮毂电机和轮边电机的区别。 _____ _____ _____
评估	(1) 请根据自己任务完成的情况，对自己的工作进行自我评估，并提出改进意见。 _____ _____ (2) 评分（总分为自我评价、小组评价和教师评价得分值的平均值）。 自我评价：_____ 小组评价：_____ 教师评价：_____ 总　　分：_____

任务 4　驱动电机系统维护与保养

任务目标

知识目标
（1）掌握驱动电机系统常见故障；
（2）掌握驱动电机系统维护保养项目。

能力目标
（1）能分析驱动电机系统故障原因；
（2）能进行驱动电机系统的维护与保养。

素养目标
（1）培养学生安全操作意识；
（2）培养学生正确的人生观、价值观、世界观。

任务描述

小李作为电动汽车 4S 店的技术人员，需要向新员工讲解新能源汽车电机的常见故障以及电机的保养项目，小李应该准备哪些知识呢？

知识链接

1. 驱动电机故障等级划分

当驱动电机系统出现故障时，驱动电机控制器（Motor Control Unit，MCU）将故障信息发送给整车控制器（VCU）。整车控制器根据电机、电池、EPS、DC/DC 等零部件故障，整车 CAN 网络故障及 VCU 硬件故障进行综合判断，确定整车的故障等级，并进行相应的控制处理。可对整车的故障等级进行 4 级划分，如表 2-4-1 所示。

表 2-4-1　整车故障等级

等级	名称	故障后处理
1 级	致命故障	电机零扭矩，1 s 紧急断开高压，系统故障灯亮
2 级	严重故障	2 级电机故障，电机零扭矩；2 级电池故障，20 A 放电电流限功率。系统故障灯亮
3 级	一般故障	进入跛行工况/降功率，系统故障灯亮
4 级	轻微故障	4 级故障属于维修提示，但是 VCU 不对整车进行限制，只仪表显示。4 级能量回收故障，仅停止能量回收，行驶不受影响

2. 驱动电机系统常见故障及解决方法

驱动电机系统常见故障及解决方法如表 2-4-2 所示。

表 2-4-2　驱动电机系统常见故障及解决方法

序号	故障名称	故障可能原因	解决方法
1	MCU 直流母线过压故障	（1）电机系统突然大功率充电； （2）高压回路非正常断开	分析整车数据，如果总线电压报文与实际电压不相符，则需要检查高压供电回路，高压主继电器、高压插件有无异常
2	MCU 相电流过流故障	负载突然变化、旋变信号故障等导致电流畸变，比如电池或主继电器频繁通断	检查高压回路
		控制器损坏（硬件故障）	更换控制器
		控制器采集电压与实际电压不一致	标定电压，刷写控制器程序
3	电机超速故障	整车负载突然降低，电机扭矩控制失效	如重新上电不复现，不用处理
		电机低压信号线插头连接松动或者退针	检查信号线插头
		控制器损坏（硬件故障）	更换控制器
4	电机过温故障	电机低压信号线插头连接松动或者退针	检查信号线插头
		冷却系统工作异常	检查冷却液是否充足，水泵是否正常工作，冷却管路堵塞或堵气
		电机本体损坏（长时间过载运行）	更换电机
5	MCU IGBT 过温故障	电机低压信号线插头连接松动或者退针	检查信号线插头
		冷却系统工作异常	检查冷却液是否充足，水泵是否正常工作，冷却管路堵塞或堵气
		电机本体损坏（长时间过载运行）	更换电机

续表

序号	故障名称	故障可能原因	解决方法
6	MCU 低压电源欠压故障	12 V 蓄电池电压过低，或者由于 35PIN 线束原因，控制器低压接口电压过低	检查蓄电池电压，给蓄电池充电；检查控制器低压接口，测量 35PIN 插件 24 脚和 1 脚电压是否低于 9 V
7	与 VCU 通信丢失故障	（1）未收到整车控制器信号； （2）网络干扰严重； （3）线束问题	检查 35PIN 线束连接是否正常，检查 CAN 网络是否 BUS OFF，或者更换控制器
8	电机系统高压暴露故障	（1）MCU 电源模块硬件损坏； （2）软件与硬件不匹配； （3）网络上有部件报出高低压互锁故障引起	刷程序或更换控制器
9	电机（噪声）异响	（1）电磁噪声（高频较尖锐）； （2）机械噪声，可能是来自减速器、悬置、电机本体（轴承）	（1）电磁噪声属正常； （2）排查确定电机本体损坏，更换电机

3. 驱动电机系统维护保养指导

（1）保养周期及相关项目。

1）维护保养周期。

日常维护保养：1~2 次/周

定期维护保养：6 个月/次或者 1 万 km/次

2）日常检查和维护驱动电机项目。

① 检查并清洁驱动电机的外观。

② 检查驱动电机插接件是否紧固。

③ 检查车辆运行过程中驱动电机是否有异响。

3）定期检查与维护驱动电机项目。

① 检查并清洁驱动电机的外观。

② 检查驱动电机插接件是否紧固。

③ 检查驱动电机螺栓是否坚固。

④ 检查驱动电机的绝缘性。

⑤ 检查车辆运行过程中驱动电机是否有异响。

⑥ 检查驱动电机定子绕组的电阻值是否符合技术标准。

⑦ 检查驱动电机旋变传感器的电阻值是否符合技术标准。

⑧ 检查驱动电机温度传感器的电阻值是否符合技术标准。

(2) 准备工作及注意事项。

由于新能源驱动电机属于高压部件，在车辆维护过程中，需要做好以下工作。

1) 专用工具的准备。

① 检修仪器。

② 常用仪表，如电压表、欧姆表、绝缘测试仪等。

③ 专用工具，如螺丝刀、扳手等，这些常用工具必须有绝缘措施。

④ 常用物料，如绝缘胶带、扎带等。

2) 个人防护。

电动汽车使用高压电路，在检修前必须做好以下个人防护措施：

① 佩戴绝缘手套。

② 穿防护鞋、工作服等。

③ 手腕、身上不能佩戴金属物件，如金银手链、戒指、手表、项链等物品。

3) 注意事项。

电动汽车系统使用高压电路，不正确的操作可能导致电击或漏电。所以，在检修过程中拆卸、检查、更换零件时，必须注意下列事项：

① 检修前必须熟悉车辆说明书和电源系统说明书。

② 操作高压系统时断开电源。断开电源时注意，通常断开高压或辅助电源，系统内故障诊断代码有可能会被清除，所以必须先检查读取故障代码后再断开电源。

③ 断开电源后放置车辆 5 min，需要对车辆系统内的高压电容器进行放电。

④ 佩戴绝缘手套，并确保绝缘手套没有破损。（注意不要戴湿手套。）

⑤ 高压电路的线束和连接器通常为橙色，高压零部件通常贴有"高压"警示，操作这些线束和附件时需要特别注意。

⑥ 对高压系统进行操作时，在旁边放置"高压工作，请勿靠近"的警告牌。

⑦ 不要携带任何类似卡尺或测量卷尺等的金属物体，因为这些物件可能掉落从而引起短路。

⑧ 拆下任何高压配线后，立刻用绝缘胶带将其绝缘。

⑨ 一定要按规定扭矩将高压螺钉端子拧紧。扭矩不足或过量都会导致故障。

⑩ 完成对高压系统的操作后，应再次确认在工作台周围没有遗留任何零件或者工具，以及确认高压端子已经拧紧并和连接器连接。

(3) 驱动电机维护作业。

1) 检查并清洁驱动电机的外观。

① 检查驱动电机是否有磕碰、损坏，表面是否漏液。

② 检查驱动电机冷却液液面高度是否正常。

③ 检查驱动电机的冷却水管是否有泄漏。

④ 清洁驱动电机表面的灰尘、油泥。用高压气枪或干布对驱动电机的外观进行清洁。

注意：严禁使用水枪对驱动电机及高压部件喷水清洗。

驱动电机外观检查如图 2-4-1 所示，冷却液液面高度检查如图 2-4-2 所示，冷却水管检查如图 2-4-3 所示。

图 2-4-1　驱动电机外观检查

图 2-4-2　冷却液液面高度检查

图 2-4-3　冷却水管检查

2）检查驱动电机的插接件。
① 佩戴绝缘手套检查驱动电机高压插接件连接是否紧固。
② 检查驱动电机各传感器插接件是否紧固。

驱动电机高压插接件检查如图 2-4-4 所示，传感器插接件检查如图 2-4-5 所示。

图 2-4-4　驱动电机高压插接件检查

图 2-4-5　传感器插接件检查

3）检查驱动电机的螺栓。

检查驱动电机与变速器总成安装力矩是否符合技术标准，如比亚迪 e5 轿车螺栓安装力矩如表 2-4-3 所示。

表 2-4-3　比亚迪 e5 轿车螺栓安装力矩

名称	力矩/(N·m)
驱动电机与变速器总成安装螺栓	30
驱动电机固定螺栓	50~55

4）检查驱动电机的绝缘性。

测量驱动电机搭铁绝缘，将量程调至 500 V，将黑表笔搭铁，红表笔分别测量驱动电机三相端子，要求每相的测量值大于或等于 550 MΩ，如图 2-4-6 所示。

注意：测量驱动电机三相绝缘前，首先要对绝缘兆欧表进行检验，确定绝缘兆欧表合格后才能进行测量。

图 2-4-6　测量驱动电机绝缘性

5）检查驱动电机定子绕组电阻值。

使用数字式万用表，分别测量驱动电机三相定子绕组间的电阻值应小于 1 Ω，并且分别使电机壳体绝缘，如图 2-4-7 所示。

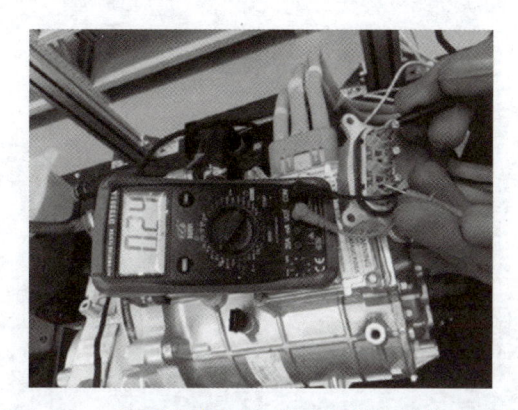

图 2-4-7　测量驱动电机三相定子绕组间的电阻值

6）检查旋变传感器及电机温度传感器的电阻值。

① 使用数字式万用表，分别测量旋变传感器 A-B，C-D，E-F 组的电阻值是否符合技术标准，如图 2-4-8 所示。

② 使用数字式万用表，测量电机温度传感器的电阻值是否符合技术标准，如图 2-4-9 所示。

图 2-4-8　测量旋变传感器的电阻值

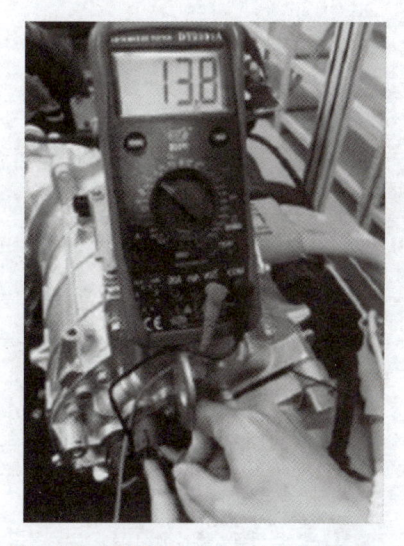

图 2-4-9　测量电机温度传感器的电阻值

任务工单

工单 4　驱动电机系统维护与保养

学生姓名		班级		学号	
实训场地		日期		车型	
任务要求	（1）能分析驱动电机系统故障原因； （2）能进行驱动电机系统的维护与保养				
相关信息	（1）驱动电机常见故障有哪些？如何解决？ _____ （2）驱动电机的保养项目有哪些？ _____				
计划与决策	请根据任务要求，确定所需要的场地和物品，并对小组成员进行合理分工，制订详细的工作计划。 1. 人员分工 小组编号：_____，组长：_____ 小组成员：_____ 我的任务：_____ 2. 准备场地及物品 检查并记录完成任务需要的场地、设备、工具及材料。 （1）场地。 检查工作场地是否清洁及存在安全隐患，如不正常，请汇报老师并及时处理。 记录：_____ （2）设备及工具。 检查防护设备和工具：_____ 记录操作过程中使用的设备及工具：_____ （3）安全要求及注意事项。 1）实训汽车停在实训工位上，没有经过老师批准不准起动，经老师批准起动，首先应先检查车轮的安全顶块是否放好，手制动是否拉好，排挡杆是否放在 P 挡（A/T），车前是否没有人； 2）禁止触碰任何带安全警示标示的部件； 3）当拆卸或装配高压配件时，需断开 12 V 电源，并进行高压系统断电；				

续表

计划 与 决策	4）在安装和拆卸过程中，应防止制动液、冷却液等液体进入或飞溅到高压部件上； 5）实训期间禁止嬉戏打闹。 3. 制订工作方案 根据任务，小组进行讨论，确定工作方案（流程/工序），并记录。 _____ _____ _____ _____
实施 与 检查	（1）完成驱动电机的维护，记录操作方法和测量数据。 _____ _____ _____ （2）总结操作过程中的注意事项。 _____ _____ _____
评估	（1）请根据自己任务完成的情况，对自己的工作进行自我评估，并提出改进意见。 _____ _____ （2）评分（总分为自我评价、小组评价和教师评价得分值的平均值）。 　自我评价：_____ 　小组评价：_____ 　教师评价：_____ 　总　　分：_____

任务 5 驱动电机的检修与更换

任务目标

知识目标

（1）掌握各种类型电机的基本结构；
（2）掌握各种类型电机的特点及应用。

能力目标

（1）能进行驱动电机性能的检测；
（2）能进行驱动电机总成的更换；
（3）能检查驱动电机的线束。

素养目标

（1）培养学生安全意识；
（2）培养学生规范操作的职业素养。

任务描述

小李作为电动汽车 4S 店的技术人员，现接到任务，需要更换客户车上的驱动电机，如果你是小李，你觉得应该准备哪些知识？操作中有哪些注意事项？

知识链接

1. 检修

（1）情景描述。

电动汽车运行时出现电机过热故障，电动汽车进入降功率故障运行状态，电动汽车仪表出现故障提示，运行时能够听到异响，电动汽车缓慢自行开入维修站。

故障：轴承保持架断裂。

（2）任务分析与检查。

电机故障具有复杂的原因，往往是由机械部分和电气部分相互耦合引起的，这是由其设计和运行特点所决定的。永磁同步电机因气隙较小，因而对磁动势和磁拉力的不平衡比较敏感。转子偏心的故障征兆会在气隙磁场有所反应，转子偏心故障可分为静态偏心故障、动态偏心故障和混合型偏心故障 3 种类型。产生静态偏心的主要原因是定子铁心呈椭圆形或定转子定位不准确（即定转子不同轴心），而造成动态偏心的原因是转轴弯曲、高转速时机械共振或轴承损坏等。

转子位置及其故障现象如图 2-5-1 所示。

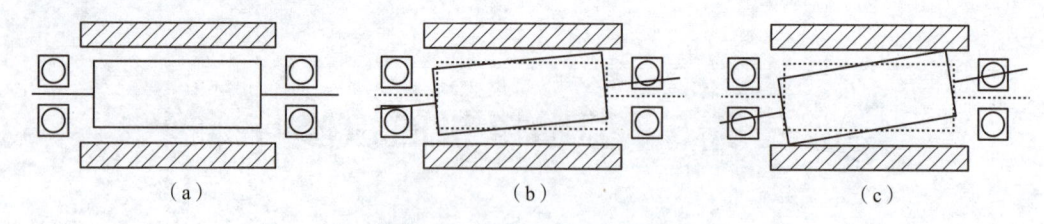

图 2-5-1 转子位置及其故障现象

(a) 转子正常位置；(b) 转子偏心位置（有噪声）；(c) 转子偏心位置（有故障）

（3）维修解决方案。

电动汽车运行出现电机过热故障，进入降功率故障运行状态，汽车仪表出现故障提示，运行时能够听到噪声异响，首先确认电机外部连接与电气装置的完好无损，然后拆下电机，通电运转测试是否还有噪声，若存在，需要对电机进行解体检修，进一步确认轴承是否出现故障。

（4）解决方案。

电机解体确认故障后更换同一型号的轴承。具体操作步骤如下：

1）拆卸电机控制器与外部连接线缆；

2）戴好高压手套，并将绝缘垫摆放至正确位置；

3）将电机控制器及其外部连接线缆拆除，将连接紧固连件置于固定位置；

4）电机整体从电动车上拆下，放置于工作台之上；

5）电机解体，更换轴承，通电运行，监测运行故障；

6）电机检修后安装，连接控制器及其相关线缆。

2. 更换

（1）案例导入。

一辆 2017 年 1 月上牌的 2015 款北汽 EV160 轿车，行驶 8 200 km。在正常行驶过程中，出现类似底盘零部件松动的声音，从机舱内部下方发出，车辆低速滑行过减速带时比较明显；在低速行驶中加速和减速时也会频繁出现异响。

初步判断是驱动电机及其动力输出相关部件问题。

（2）制定方案。

底盘下部发动机异响，故障原因一般有以下几种：

1）传动轴外向节部分异响；

2）下摆臂、球头销异响；

3）转向横拉杆球状销异响；

4）减震器异响。

（3）任务实施方案。

1）故障现象确认。

行驶中异响，加速或减速时异响明显。

2）故障原因分析。

① 底盘零部件松动的声音，从机舱内部下方发出，车辆低速滑行过减速带时比较明显。据此判断是行驶有关部件的故障。

② 在低速行驶中加速和减速时也会频繁出现异响。据此判断是动力传动部分的故障。综合判定是驱动电机与传动轴之间的响声。

(4) 维修步骤与方法。

1) 车辆初步检查，确认故障原因；
2) 驱动电机拆卸与安装；
3) 装复后的试车验证。

(5) 拆装驱动电机。

1) 检查确认车辆停放（见图 2-5-2）；

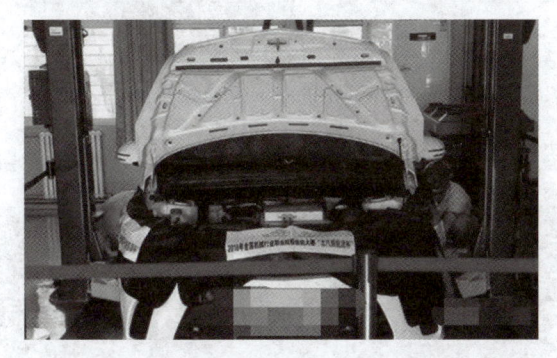

图 2-5-2　检查确认车辆停放

2) 确认驻车制动，N 挡状态；
3) 关闭点火开关，钥匙放在口袋内，避免别人误操作点火通电，发生电气事故；
4) 断开 12 V 蓄电池负极（见图 2-5-3）；

图 2-5-3　断开 12 V 蓄电池负极

5) 用胶带覆盖蓄电池负极极桩（见图 2-5-4）；

图 2-5-4　用胶带覆盖蓄电池负极极桩

6）拧开散热器盖；
7）支撑车辆；
8）拆卸动力电池线束护板（见图2-5-5）；

图 2-5-5　拆卸动力电池线束护板

9）在下方排放冷却液，并断开电机上的进出水管路（见图2-5-6）；

图 2-5-6　断开电机上的进出水管路

10）拔下驱动电机上的低压线束（见图2-5-7）；

图 2-5-7　拔下驱动电机上的低压线束

11）拆下驱动电机与电机控制器相连的高压线束插头（见图2-5-8）；

图 2-5-8　拆下驱动电机与电机控制器相连的高压线束插头

12）拆卸车轮；

13）拔下空调压缩机上的高低压插件，在电机上拆下空调压缩机的固定螺栓，将空调压缩机移动到远离电机的位置并固定；

14）拆卸制动钳总成并固定；

15）使用专用工具将驱动轴从制动盘中拔出；

16）用撬棍将驱动轴从变速器中撬出，拔出左右两个驱动轴（见图2-5-9）；

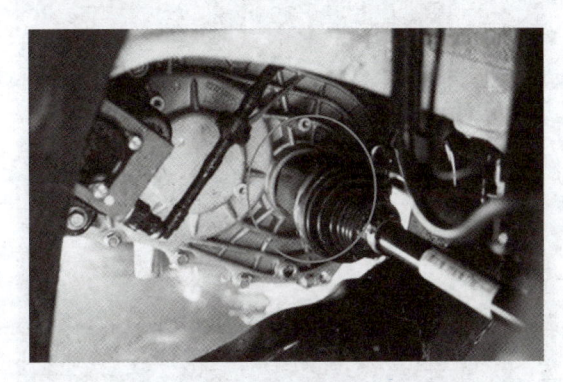

图2-5-9 拔出左右两个驱动轴

17）拆卸固定驱动电机的悬架螺栓；

18）从车辆下方拆下驱动电机和减速器总成。

安装步骤与拆卸步骤相反。

3. 检测

项目：驱动电机的检测主要有电机缺相检测和电机绝缘检测两种。

方法：在整车上进行驱动电机的任何项目检测前，必须要穿戴好高压安全防护用品，断开低压蓄电池负极，拆下维护插接器，并释放高压部件的剩余电压，严禁带电操作。下面以江淮iEV6S车型的驱动电机（见图2-5-10）为例进行驱动电机的检测。

图2-5-10 江淮iEV6S车型的驱动电机

（1）电机缺相检测。

电机缺相是指电机内部某相绕组线圈发生不通电或阻值过大过小的故障，其主要原因为某相线圈烧蚀、线圈断路或接线端子烧蚀等。

1）拆卸驱动电机高压接线盒盖板；
2）检查电机动力电缆接头有无烧蚀现象；
3）拆卸 U，V，W 三相线，用万用表电阻挡分别测量 AB，BC，AC 之间的阻值，相互之间的差值大于 0.5 Ω，即判定为电机缺相，需要更换驱动电机。

三相线束如图 2-5-11 所示。

图 2-5-11 三相线束

（2）电机绝缘检测。

电机发生绝缘故障通常是由电机内部进水、绝缘层受热失效或绕组烧蚀对地短路等引起的。当电机发生绝缘故障时往往会报出电机控制器故障或整车绝缘故障，进行电机绝缘检测时必须要断开高压线路，用兆欧表对其进行绝缘检测。

1）打开电机接线盒盖板，拆卸动力电缆，将线缆与安装底座完全分离；
2）绝缘表测试电压选用 500 V 量程，分别测量三相绕组的对地绝缘阻值（见图 2-5-12），测试结果均应大于 20 MΩ，若低于此值说明驱动电机损坏，需进行更换。

图 2-5-12 测量三相绕组的对地绝缘阻值

知识拓展

驱动电机维修要求

驱动电机为高压电器件,维修时,需由专业人员配备专业设备进行操作,严禁非专业人员进行非法拆解,驱动电机从整车上拆下后,严禁进行单体拆解。

(1) 关闭低压电源,拔掉高压电路维修开关,用放电导线夹对三相线端进行放电;

(2) 用万用表检测三相线对地电压应≤AC30 V,才可进行维修作业;

(3) 检查电机水冷循环系统无泄漏防冻液现象;

(4) 检查电机壳体有无破损,若有破损更换驱动电机;

(5) 检查钢丝螺套有无损坏、装配不到位或脱落,若有更换驱动电机;

(6) 检查三相高压连接铜排有无破损,若有更换驱动电机;

(7) 检查低压接插座内针脚有无歪针、退针、断针,若有歪针,使用专用工具扶正,若有退针或断针,更换驱动电机;

(8) 检查密封圈,若有遗失、损坏,补充或更换密封圈;

(9) 检查花键轴润滑脂,若有不均匀,及时补充润滑脂;

(10) 检查花键轴,若有磨损、断裂,需更换驱动电机;

(11) 检查电机空载状态下,手动转动是否自如顺畅,若有卡滞、顿挫感,需及时检查排除,若无法解决,需及时更换驱动电机。

任务工单

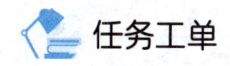

工单 5　驱动电机的检修与更换

学生姓名		班级		学号	
实训场地		日期		车型	
任务要求	（1）能进行驱动电机性能的检测； （2）能进行驱动电机总成的更换					
相关信息	（1）电机是能进行＿＿＿＿＿＿和＿＿＿＿＿＿相互转换的装置。 （2）改变电机的＿＿＿＿＿＿就可以实现纯电动汽车的倒车。 （3）如何进行电机的绝缘检测？ ＿＿＿＿＿＿＿＿＿＿＿＿＿＿＿＿＿＿＿＿＿＿＿＿＿＿＿＿＿＿＿＿＿＿＿＿＿＿＿ ＿＿＿＿＿＿＿＿＿＿＿＿＿＿＿＿＿＿＿＿＿＿＿＿＿＿＿＿＿＿＿＿＿＿＿＿＿＿＿ ＿＿＿＿＿＿＿＿＿＿＿＿＿＿＿＿＿＿＿＿＿＿＿＿＿＿＿＿＿＿＿＿＿＿＿＿＿＿＿					
计划 与 决策	请根据任务要求，确定所需要的场地和物品，并对小组成员进行合理分工，制订详细的工作计划。 1. 人员分工 小组编号：＿＿＿＿＿＿，组长：＿＿＿＿＿＿ 小组成员：＿＿＿＿＿＿ 我的任务：＿＿＿＿＿＿ 2. 准备场地及物品 检查并记录完成任务需要的场地、设备、工具及材料。 （1）场地。 检查工作场地是否清洁及存在安全隐患，如不正常，请汇报老师并及时处理。 记录：＿＿＿＿＿＿＿＿＿＿＿＿＿＿＿＿＿＿＿＿＿＿＿＿＿＿＿＿＿＿＿＿＿＿＿ ＿＿＿＿＿＿＿＿＿＿＿＿＿＿＿＿＿＿＿＿＿＿＿＿＿＿＿＿＿＿＿＿＿＿＿＿＿＿＿ （2）设备及工具。 检查防护设备和工具：＿＿＿＿＿＿＿＿＿＿＿＿＿＿＿＿＿＿＿＿＿＿＿＿＿＿ ＿＿＿＿＿＿＿＿＿＿＿＿＿＿＿＿＿＿＿＿＿＿＿＿＿＿＿＿＿＿＿＿＿＿＿＿＿＿＿ 记录操作过程中使用的设备及工具：＿＿＿＿＿＿＿＿＿＿＿＿＿＿＿＿＿＿＿＿ ＿＿＿＿＿＿＿＿＿＿＿＿＿＿＿＿＿＿＿＿＿＿＿＿＿＿＿＿＿＿＿＿＿＿＿＿＿＿＿ （3）安全要求及注意事项。 1）实训汽车停在实训工位上，没有经过老师批准不准起动，经老师批准起动，首先应检查车轮的安全顶块是否放好，手制动是否拉好，排挡杆是否放在 P 挡（A/T），车前是否没有人； 2）禁止触碰任何带安全警示标示的部件； 3）当拆卸或装配高压配件时，需断开 12 V 电源，并进行高压系统断电； 4）在安装和拆卸过程中，应防止制动液、冷却液等液体进入或飞溅到高压部件上； 5）实训期间禁止嬉戏打闹。					

续表

计划与决策	3. 制订工作方案 根据任务，小组进行讨论，确定工作方案（流程/工序），并记录。 _____ _____ _____ _____
实施与检查	（1）记录驱动电机的拆卸步骤。 _____ _____ _____ _____ （2）记录驱动电机的检测数据，并判断是否正常。 _____ _____ _____ （3）总结操作过程中的注意事项。 _____ _____ _____
评估	（1）请根据自己任务完成的情况，对自己的工作进行自我评估，并提出改进意见。 _____ （2）评分（总分为自我评价、小组评价和教师评价得分值的平均值）。 自我评价：_____ 小组评价：_____ 教师评价：_____ 总　　分：_____

项目小结

（1）交流异步电机运行时，在气隙中的旋转磁场与转子绕组之间存在相对运动，依靠电磁感应作用使转子绕组中产生感应电流，进而产生电磁转矩，实现机电能量的转换。由于转子的转速与旋转磁场的转速不相等，所以称它为异步电机。又因它的转子电流是靠电磁感应作用产生的，因此也称为感应电机。

（2）永磁同步电机的永磁是指在电机转子中加入永磁体，使得转子无需励磁电流，同步指转子的转速与定子绕组的电流频率始终保持一致。

（3）永磁同步电机是目前新能源汽车上广泛应用的一类电机，主要是由定子、转子、端盖、机座等各部件组成。

（4）定子是电机中不可转动的部分，主要任务是产生一个旋转磁场。转子是电机的转动部分，在旋转磁场作用下获得转动转矩。

（5）轮边电机是电机装在汽车轮边外部单独驱动车轮的电机，轮毂电机是把电机设计成饼状，直接安装在车轮的轮毂中。

（6）驱动电机的维护包括检查并清洁驱动电机的外观，检查驱动电机的插接件，检查驱动电机的螺栓，检查驱动电机的绝缘性，检查驱动电机定子绕组电阻值等。

项目三

电机控制器结构与检修

电机控制器，作为电动汽车的核心部件之一，是新能源汽车动力性能的决定性因素。电机控制器从整车控制器获得整车的需求，从动力电池包获得电能，经过自身逆变器的调制，获得控制电机需要的电流和电压，提供给电机，使电机的转速和转矩满足整车的要求。通过本项目的学习，同学们应该掌握电机控制器的结构与原理、电机控制器的检测、绝缘栅双极型晶体管（Insulated Gate Bipolar Transistor，IGBT）的检测等。

任务 1　电机控制器的结构与工作原理

任务目标

知识目标
(1) 掌握电机控制器的组成；
(2) 掌握电机控制器的工作原理。

能力目标
(1) 能描述电机控制器的原理；
(2) 能识别电机控制器各部件。

素养目标
(1) 培养学生正确的人生观和价值观，良好的思想道德素质；
(2) 培养学生具备新能源汽车驱动电机控制器相关技术资料的搜集、查阅、整理和应用的能力。

任务描述

小张驾驶的新能源汽车由于故障进厂维修，维修技师在经过初步诊断后怀疑该车的电机控制器工作异常，需要进一步对电机控制器进行测试。小张不清楚电机控制器有何作用，如果你是维修技师，你能给小张讲讲电机控制器的作用与工作原理吗？

知识链接

1. 定义

电机控制器（见图 3-1-1）是一个既能将动力电池中的直流电转换为交流电以驱动电机，又能将车轮旋转的动能转换为电能（交流电转换为直流电）给动力电池充电的设备。

图 3-1-1　电机控制器

电机控制器位置如图 3-1-2 所示,电机控制器在车上的具体位置如图 3-1-3 所示。

图 3-1-2　电机控制器位置

图 3-1-3　电机控制器在车上的具体位置

2. 功能

电机控制器能根据挡位、油门、刹车等指令,将动力蓄电池所存储的电能转化为驱动电机所需的电能,来控制电动车辆的起动运行、进退速度、爬坡力度等行驶状态,或者帮助电动车辆刹车,并将部分刹车能量存储到动力蓄电池中。电机控制器功能如表 3-1-1 所示。

表 3-1-1　电机控制器功能

序号	电机控制器功能	备注
1	控制电机正、反转	挡位手柄置于 D 挡时控制电机正转,挡位手柄置于 R 挡时控制电机反转
2	控制电机加、减速	在电机控制器控制电机运行时,油门开度增大则电机转速变快,油门开度减小则电机转速变慢
3	控制电机起动、停止	当挡位手柄置于 D 挡或 R 挡时电机起动,在踩脚刹踏板或拉驻车手柄或挡位手柄置 N 挡或 P 挡时电机停止

续表

序号	电机控制器功能	备注
4	CAN 通信	通过 CAN 总线能接收控制指令和发送电机参数，及时把挡位信息、电机转速、电机电流、旋转方向传给相关 ECU 并接受其他 ECU 传递的信息，如电压、电量等信息
5	检测电机转子的位置	根据旋转变压器等位置传感器采集的电机转子位置角度对电机进行相应控制
6	过流、过压、过温保护	当电机过温、散热器过温、功率器过流、过压、过温时发出保护信号，停止控制器运行
7	刹车制动与能量回馈	刹车时能实现电机的制动、能量回馈

3. 组成

电机控制器是驱动电机系统的控制中心，又称智能功率模块，它内部采用三相两电平电压源型逆变器，以 IGBT 模块为核心，辅助以驱动集成电路、主控集成电路。主要由功率模块（IGBT）、接口电路、控制主板、驱动板、超级电容、放电电阻、电流传感器、外壳、水道等组成。

电机控制器内部结构如图 3-1-4 所示。

图 3-1-4 电机控制器内部结构

（1）功率模块：对电机的电流电压进行控制，功率器件有金属氧化物场效应晶体管（Metal Oxide Semiconductor Field Effect Transister，MOSFET）、功率晶体管（Giant Transistor，GTR）和 IGBT 等，一般用 IGBT。MOSFET 也称绝缘栅型场效应管（Insulated Gate Field Effect Transister，IGFET）。IGBT 模块如图 3-1-5 所示，MOSFET 模块如图 3-1-6 所示。

IGBT 模块是驱动电机系统的控制中心，又称智能功率模块。是由双极型晶体管（Bipolar Junction Transistor，BJT）和 MOSFET 组成的复合全控型电压驱动式功率开关器件，兼有 MOSFET 的高输入阻抗和 GTR 的低导通压降两方面的优点。根据控制器主板的指令，将输入的高压直流电流逆变成频率可调的三相交流电流，供给电机使用。在能量回收过程中对三相交流电流进行整流。

图 3-1-5　IGBT 模块

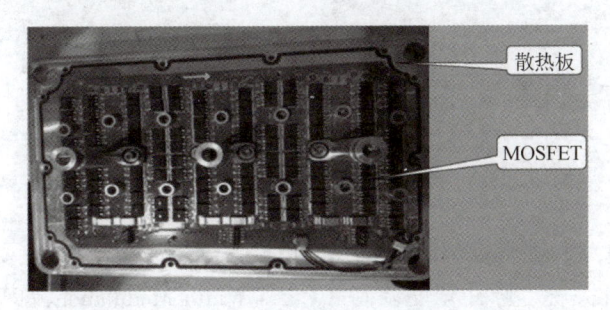

图 3-1-6　MOSFET 模块

（2）接口电路：接口电路板安装在电机控制器上部，实现电机控制器内部与外部的信息传递。

（3）控制主板：对所有的输入信号进行处理。包括：

1）与整车控制器通信；

2）监测直流母线电流；

3）控制 IGBT 模块；

4）监控高压线束连接情况；

5）反馈 IGBT 模块温度；

6）旋变传感器励磁供电；

7）旋变信号分析；

8）信息反馈。

（4）预充电容：接在高压回路上，高压回路接通时开始预充，驱动电机起动时稳定电压，起到对系统的保护作用。

超级电容：在纯电动汽车上电时充电，在驱动电机起动时保持电压稳定，防止因驱动电机起动时电流太大造成对动力电池的冲击。

（5）放电电阻（见图 3-1-7）：在断开高压电路时通过放电电阻给电容放电，在放电电路故障时在报送放电超时故障的同时切断高压供电。

（6）逆变器（见图 3-1-8）：英文名称为 Inverter，别称为变流器、反流器。逆变器是一种把直流电转化为交流电的变压器，起到与转换器相反的作用，是一种电压逆变的过程。汽车的逆变器能把直流电转化为交流电，由逆变桥、逻辑电路等组成。

逆变器通过半导体功率开关的开通和关断，将直流电转换为交流电，逆变器可分为半桥逆变器、全桥逆变器等。逆变器目前已广泛应用于汽车、空调、家庭影院、电脑、电视、抽油烟机、风扇、照明、录像机等设备中。

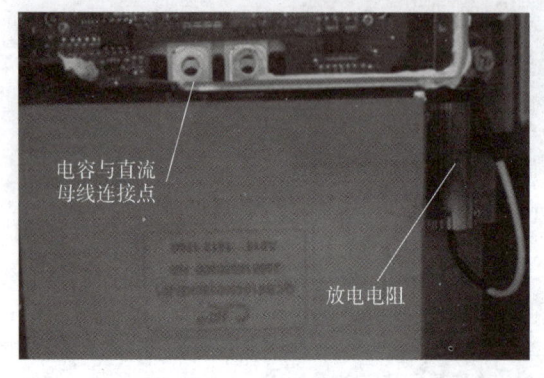

图 3-1-7　放电电阻

图 3-1-8　逆变器

1）组成。

逆变器由逆变电路、逻辑控制电路、滤波电路 3 大部分组成，主要包括输入接口、电压起动回路、MOS 开关管、脉冲宽度调制（Pulse Width Modulation，PWM）控制器、直流变换回路、反馈回路、LC 振荡及输出回路、负载等部分。

某电动汽车逆变器系统内部结构如图 3-1-9 所示。

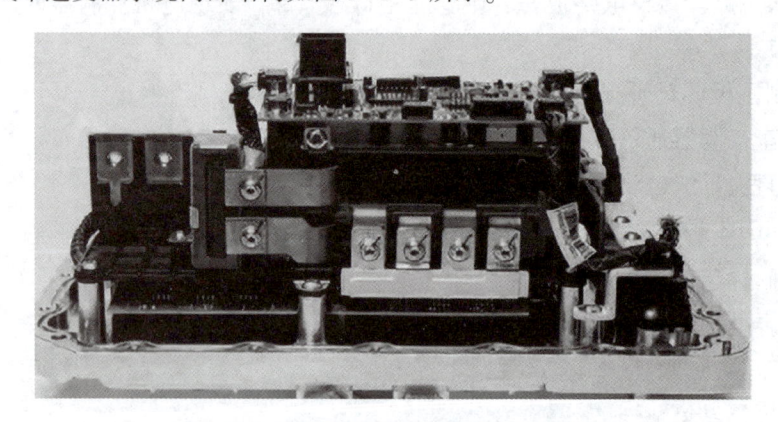

图 3-1-9　某电动汽车逆变器系统内部结构

① 输入接口：在输入部分有 3 个接口，分别输入 12 V 直流电压 VIN、工作使能电压 ENB、Panel 电流控制 DIM 3 种信号。其中 VIN 由适配器（Adapter）提供；ENB 由单片机（Micro Controller Unit，MCU）提供，其值为 0 或 3 V，当 ENB 为 0 V 时，表示逆变器未处于正常工作状态，当 ENB 为 3 V 时，表示逆变器处于正常工作状态；DIM 由主板提供，其值在 0~5 V 间变化，反馈给 PWM 控制器的 DIM 值越小，逆变器向负载提供的电流越大。

② 电压启动回路：接收工作使能电压 ENB，当 ENB 为 3 V 时，点亮 Panel 的背光灯灯管，表示逆变器处于正常工作状态。

③ PWM 控制器：接收 Panel 电流控制 DIM 信号，完成过压保护、欠压保护、短路保护、脉冲宽度调制等功能。

④ 直流变换回路：由 MOS 开关管和储能电感构成，当接收到 12 V 直流电压 VIN 后，MOS 开关管便开始做开关动作，使直流电压对电感进行循环的充电放电，从而得到交流电压。

⑤ LC 振荡及输出回路：用以保证灯管起动时需要的 1 600 V 电压，并在其起动后将电压降至 800 V。

⑥ 反馈回路：当逆变器处于正常工作状态时，用以稳定其电压输出。

2）原理。

① 逆变电路。

在逆变器的工作过程中，逆变电路起到了关键的作用（将直流电转换为三相交流电），该电路通过电力电子开关的导通与关断，来完成逆变的功能。

在逆变电路的工作过程中，逆变桥又完成了关键的功能。逆变桥通过掌控其上桥、下桥功率开关器件的导通或断开状态，使得在输出端 U，V，W 三相上得到相位互差 120°的三相交流电。

② 控制电路。

虽然在逆变器的工作过程中逆变电路起到了关键作用，但仍离不开控制电路的控制。电力电子开关器件的通断，需要一定的驱动脉冲，这些脉冲可能通过改变一个电压信号来产生和调节脉冲的电路，通常称为控制电路或控制回路。控制电路用于向各模块发送指令并控制其协调运作。

③ 滤波电路。

逆变器的最终目的是要输出交流电信号，其要保证输出信号是所需信号且不失真，因此在逆变器中加入滤波电路。滤波电路在逆变器中主要做善后工作，用于滤除不需要的信号，抑制最终输出信号中噪声和干扰信号的出现。

控制电路控制整个系统的运行，逆变电路完成由直流电转换为交流电的功能，滤波电路用于滤除不需要的信号，逆变器的工作过程就是这样。其中逆变电路的工作还可以细化为：首先，振荡电路将直流电转换为交流电；其次，线圈升压将不规则交流电变为方波交流电；最后，整流使交流电经由方波变为正弦波交流电。

4. 工作原理

电机控制器是电机系统的控制中心，将输入的直流高压电逆变成频率可调的三相交流电，供给配套驱动电机使用；同时，对所有的输入信号进行处理，然后将驱动电机系统运行状态信息，通过 CAN 网络发送给整车控制器。驱动电机控制器内含故障诊断电路，当诊断出异常时，它会激活一个错误代码发送给整车控制器，同时也会存储该故障码和数据。

电机控制器能对自身稳定、电机的运行温度、转子位置进行实时监测，并把相关信息传递给整车控制器 VCU，进而调节水泵和冷却风扇，使驱动电机保持在理想温度下工作。

驱动电机控制器主要依靠电流传感器、电压传感器、温度传感器来进行电机运行状态的监测，根据相应参数进行电压、电流的调整控制以及其他控制功能的完成。

（1）电流传感器用于检测电机工作实际电流，包括母线电流、三相交流电流。

（2）电压传感器用于检测供给电机控制器工作的实际电压，包括动力电池电压、12 V 蓄电池电压。

（3）温度传感器用于检测电机控制系统的工作温度，包括 IGBT 模块的温度。

(4) 旋变传感器用于检测转子位置和转速。

5. 驱动电机控制系统能量传递

(1) D 挡位传递路线。

前进行驶是驱动电机正转带动车轮前进的过程。

驾驶员挂 D 挡并踩加速踏板，此时挡位信息和加速信息通过信号线传递给整车控制器 VCU，VCU 把驾驶员的操作意图通过 CAN 线传递给驱动电机控制器 MCU，再由驱动电机控制器 MCU 结合旋变传感器信息（转子位置），MCU 内的逆变器将动力电池提供的直流电逆变为三相交流电，供电动机使用，驱动电机输出扭矩，汽车向前行驶。

(2) R 挡位传递路线。

倒车行驶是驱动电机反转带动车轮后退的过程。

当驾驶员挂 R 挡时，将驾驶员请求信号发给 VCU，再通过 CAN 线发送给驱动电机控制器 MCU，此时 MCU 结合当前转子位置（旋变传感器）信息，通过改变 IGBT 模块改变 V、U、W 通电顺序，进而控制电机反转，汽车倒车。

(3) 制动能量回收。

1) 概述。

对于新能源车，尤其是纯电动车，纯电续航里程是一项重要的性能指标。为了在提升续航里程的同时降低电耗，几乎所有新能源车都配备了能量回收系统。

能量回收就是在制动时把电动汽车电机无用的、不需要的或有害的惯性转动产生的动能转化为电能，并回馈给蓄电池。汽车制动能量回收的目的在于提高能源利用率，回收后的制动能量可作为驱动能量，对于增加续航里程、降低能耗和提高经济性能有重要的作用。

新能源汽车能量回收有两种方式，即制动能量回收和滑行能量回收，区分的唯一标准是是否踩制动踏板。通过踩制动踏板实现能量回收的就是制动能量回收（见图 3-1-10），仅依靠松油门实现能量回收则叫作滑行能量回收（见图 3-1-11）。根据车辆行驶状态，可对能量回收的强度进行调节。

图 3-1-10 制动能量回收　　图 3-1-11 滑行能量回收

2) 组成及原理。

① 组成。

纯电动汽车制动能量回收系统主要由整车控制器、储能系统（动力电池组）、电机控制器、驱动电机、液压系统以及传动装置等部分组成。

能量回收系统如图 3-1-12 所示。

图 3-1-12　能量回收系统

能量回收原理

电池为整个系统提供能量并回收能量，整车控制器通过 CAN 总线给电机控制器信号来控制驱动电机工作，从而实现汽车的正常行驶与制动。

② 回收原理。

车辆在滑行或制动时，VCU 根据当前动力电池状态和制动踏板位置信号，计算能量回收扭矩并发送指令给电机控制器，启动能量回收，此时驱动电机为发电状态，电机消耗车轮旋转的动能转化为交流电输出给电机控制器，电机控制器将交流电转换成直流电给动力电池充电，这一过程即为能量回收过程。制动能量回收传递路线与能量消耗相反。

③ 控制策略。

能量回收系统是电动车区别于燃油车的一大特点，在传统燃油车中，汽车在减速、制动时，车辆的动能通过制动系统转变为热能，并向大气中释放。而在电动汽车中，当制动或滑行时，驱动电机变为"发电机"，将车轮的动能转化为电能，并储存到动力电池中，实现能量回收，大大增加续航能力。

制动能量回收的前提是确保车辆在制动时保持安全稳定的运行状态。因此，在优化能量回收控制策略时，首先考虑车辆前后轮的制动力分配，并以此制定不同的制动工况：在所需制动力较小的情况下，可以将车辆的制动力需求分配至电机制动来实现；在需要较大制动力的情况下，应当利用电动制动和机械制动相结合的方式，确保车辆行驶安全和制动稳定性；在紧急制动情况下，则必须完全利用机械制动，以确保制动效果达到安全运行要求。

能量回收需要达到相应的条件，即满足回收的控制策略。

确保整车制动安全、稳定和舒适性下，根据踏板的开度、车辆行驶速度、蓄电池荷电状态和电机工作特性等参数，同时考虑蓄电池存储能量的能力、电机能量回馈功率以及发电效率等诸多限制条件，控制纯电动汽车的机械摩擦制动和电机制动，使制动能量的回收量最多。

制动能量回收的原则：

a. 能量回收制动不应该干预制动防抱死系统（Antilock Brake System，ABS）的工作。

b. 当 ABS 进行制动力调节时，制动能量回收不应该工作。

c. 当 ABS 报警时，制动能量回收不应该工作。

d. 当电驱动系统具有故障时，制动能量回收不应该工作。

任务工单

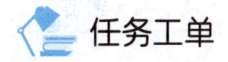

工单1　电机控制器的结构与工作原理

学生姓名		班级		学号	
实训场地		日期		车型	
任务要求		(1) 能描述电机控制原理； (2) 能识别电机控制器各部件			

相关信息	(1) 电机控制器是一个既能将动力电池中的_____转换为_____以驱动电机，同时具备将车轮旋转的动能转换为电能（交流电转换为直流电）给_____充电的设备。 (2) 逆变器由_____、逻辑控制电路、滤波电路3大部分组成。 (3) 能量回收就是在制动时把电动汽车电机无用的、不需要的或有害的惯性转动产生的_____转化为_____，并回馈给蓄电池。 (4) 逆变器通过半导体功率开关的开通和关断作用，将_____转换为_____。 (5) 倒车行驶是驱动电机_____转带动车轮后退的过程
计划与决策	请根据任务要求，确定所需要的场地和物品，并对小组成员进行合理分工，制订详细的工作计划。 1. 人员分工 小组编号：_____，组长：_____ 小组成员：_____ 我的任务：_____ 2. 准备场地及物品 检查并记录完成任务需要的场地、设备、工具及材料。 (1) 场地。 检查工作场地是否清洁及存在安全隐患，如不正常，请汇报老师并及时处理。 记录：_____ _____ (2) 设备及工具。 检查防护设备和工具：_____ _____ 记录操作过程中使用的设备及工具：_____ _____ (3) 安全要求及注意事项。 1) 实训汽车停在实训工位上，没有经过老师批准不准起动，经老师批准起动，首先应检查车轮的安全顶块是否放好，手制动是否拉好，排挡杆是否放在P挡（A/T），车前是否没有人； 2) 禁止触碰任何带安全警示标示的部件； 3) 当拆卸或装配高压配件时，需断开12 V电源，并进行高压系统断电；

续表

计划 与 决策	4）在安装和拆卸过程中，应防止制动液、冷却液等液体进入或飞溅到高压部件上； 5）实训期间禁止嬉戏打闹。 3. 制订工作方案 根据任务，小组进行讨论，确定工作方案（流程/工序），并记录。 _____ _____ _____ _____
实施 与 检查	（1）识别电机控制器的结构组成，并说明各部件的功用。 _____ _____ _____ （2）介绍电机控制器的工作原理。 _____ _____ _____ _____
评估	（1）请根据自己任务完成的情况，对自己的工作进行自我评估，并提出改进意见。 _____ _____ （2）评分（总分为自我评价、小组评价和教师评价得分值的平均值）。 自我评价：_____ 小组评价：_____ 教师评价：_____ 总　　分：_____

任务 2　电机控制器的检修

任务目标

知识目标
（1）掌握电机控制器的基本结构；
（2）掌握电机控制器的工作原理。

能力目标
（1）能进行电机控制器的检测；
（2）能准确地排除故障。

素养目标
（1）培养学生安全意识；
（2）培养学生的创新思维和创新能力。

任务描述

小李的电动汽车在正常行驶过程中会偶发仪表盘上的整车故障灯点亮，同时仪表盘上方显示驱动电机系统故障，于是小李将汽车送去 4S 店检修，如果你是 4S 店的维修师傅，你该如何对小李的车进行检测维修呢？

知识链接

1. 故障现象

一辆行驶里程约 3 000 km 的北汽新能源 EX360 车。车主反映：该车在正常行驶过程中会偶发仪表盘上的整车故障灯点亮，同时仪表盘上方显示驱动电机系统故障，如图 3-2-1 所示。

图 3-2-1　仪表盘上方显示驱动电机系统故障

2. 初步判断

故障出现时车辆会限速行驶，到店后维修技师经过试车，确认上述故障现象确实会偶发，故障灯点亮时踩加速踏板无法正常提速，大约 10 s 后又会自动恢复正常。维修技师初步判断可能的原因：

（1）驱动电机故障；

（2）电机控制器 MCU 故障；

（3）其他部件或相关连接线路故障。

3. 故障诊断

维修技师首先使用诊断仪对车辆的电机控制器 MCU 进行故障检测，发现有两个历史故障码：P0A2F98 电机过温故障、P0A001C 电机温度检测回路故障，如图 3-2-2 所示。

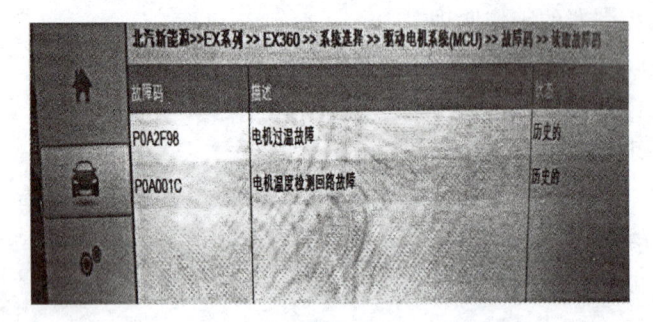

图 3-2-2　电机控制器 MCU 故障码

通过上述两个故障码，判断故障原因可能与驱动电机的温度过高或者电机温度检测回路存在异常有关，于是采集了车辆故障时段的 SD 卡数据作进一步分析判断，如图 3-2-3 所示。

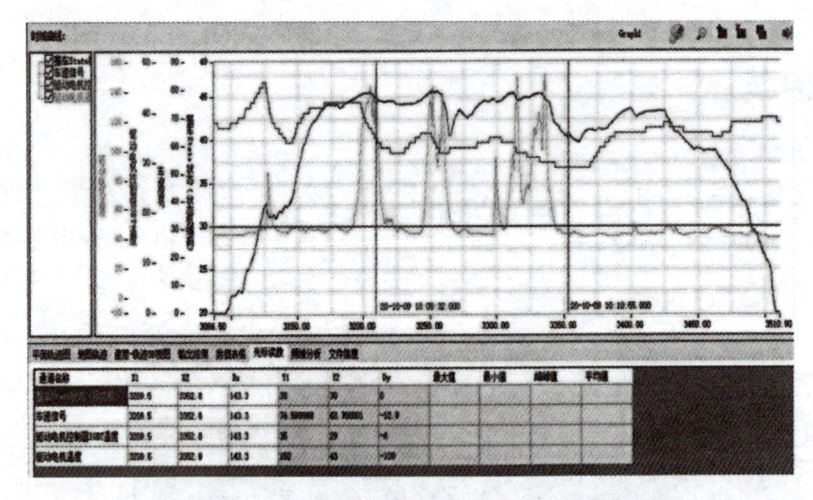

图 3-2-3　车辆故障时段的 SD 卡数据图

通过对以上 SD 卡数据进行分析发现，故障出现时驱动电机温度瞬时高达 152 ℃，而且在短时间内温度在 40 ℃～150 ℃之间频繁波动变化，此情况明显存在异常，因此判断故障出现是由于驱动电机温度检测异常导致的。接下来重点对驱动电机的温度检测回路及温度传感器等相关部件进行测量，其相关电路图如图 3-2-4 所示。

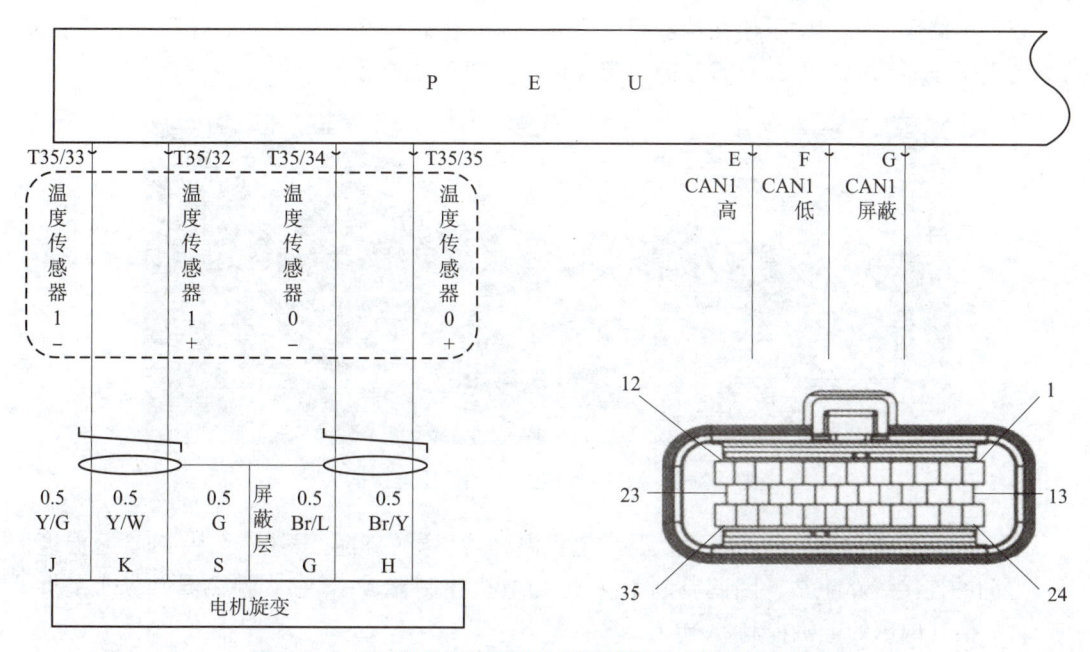

图 3-2-4　驱动电机的温度检测回路及温度传感器电路图

根据电路图，首先对电机温度检测回路的连接插头进行检查，断开 PEU 的低压连接插头，检查各端子没有腐蚀、退针、虚接等异常现象，PEU 的低压连接插头如图 3-2-5 所示。然后使用万用表从 PEU 的 T35 插头处分别测量两个温度传感器的电阻值，经测量温度传感器 0 和温度传感器 1 的阻值均为 1.108 kΩ，如图 3-2-6 所示。

图 3-2-5　PEU 的低压连接插头

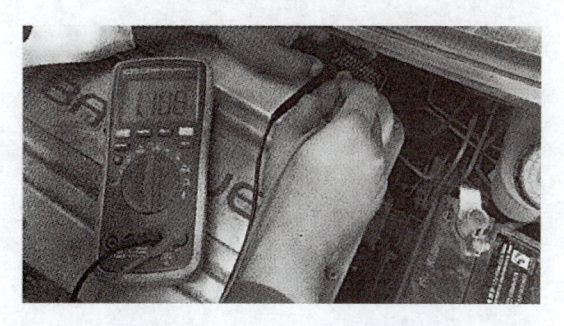

图 3-2-6　温度传感器电阻测量

查询维修手册得知此阻值在当前温度下为正常，然后断开驱动电机上的低压连接插头，检查各端子没有腐蚀、退针、虚接等异常现象，如图 3-2-7 所示。

图 3-2-7　检查驱动电机上的低压连接插头

通过以上检查和测量，已经确认驱动电机温度传感器的阻值正常，且从 PEU 至温度传感器之间的连接线路正常，因此判断 PEU 内的电机控制器 MCU 存在检测异常，于是拆开 PEU，更换其内部的电机控制器 MCU。

电机控制器 MCU 内部图如图 3-2-8 所示。

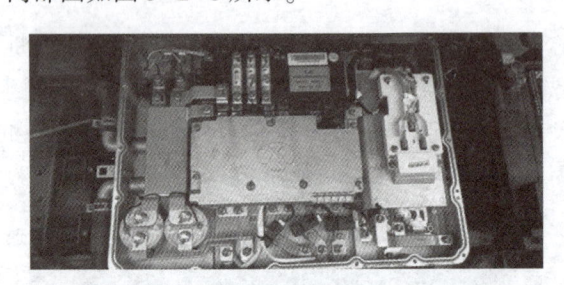

图 3-2-8　电机控制器 MCU 内部图

4. 故障排除

更换电机控制器 MCU 后经多次试车确认故障没有复现，交车大约一星期后回访客户，车辆使用正常没有出现故障，至此确认故障彻底排除。

任务工单

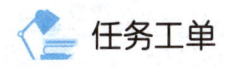

工单 2　电机控制器的检修

学生姓名		班级		学号	
实训场地		日期		车型	

任务要求	（1）能进行电机控制器的检测； （2）能准确地排除故障
相关信息	（1）电机控制器的功用是什么？ _____ _____ （2）电机控制器的组成有哪些？ _____ _____ _____
计划与决策	请根据任务要求，确定所需要的场地和物品，并对小组成员进行合理分工，制订详细的工作计划。 1. 人员分工 小组编号：_____，组长：_____ 小组成员：_____ 我的任务：_____ 2. 准备场地及物品 检查并记录完成任务需要的场地、设备、工具及材料。 （1）场地。 检查工作场地是否清洁及存在安全隐患，如不正常，请汇报老师并及时处理。 记录：_____ _____ （2）设备及工具。 检查防护设备和工具：_____ _____ 记录操作过程中使用的设备及工具：_____ _____ （3）安全要求及注意事项。 1）实训汽车停在实训工位上，没有经过老师批准不准起动，经老师批准起动，首先应检查车轮的安全顶块是否放好，手制动是否拉好，排挡杆是否放在 P 挡（A/T），车前是否没有人； 2）禁止触碰任何带安全警示标示的部件； 3）当拆卸或装配高压配件时，需断开 12 V 电源，并进行高压系统断电； 4）在安装和拆卸过程中，应防止制动液、冷却液等液体进入或飞溅到高压部件上； 5）实训期间禁止嬉戏打闹。

续表

计划 与 决策	3. 制订工作方案 根据任务，小组进行讨论，确定工作方案（流程/工序），并记录。 _____ _____ _____ _____
实施 与 检查	（1）完成电机控制器的检修，并记录。 _____ _____ _____ （2）总结检测过程中的注意事项。 _____ _____ _____ _____
评估	（1）请根据自己任务完成的情况，对自己的工作进行自我评估，并提出改进意见。 _____ _____ （2）评分（总分为自我评价、小组评价和教师评价得分值的平均值）。 自我评价：_____ 小组评价：_____ 教师评价：_____ 总　　分：_____

任务3 IGBT 的检测

任务目标

知识目标
（1）掌握 IGBT 的功用；
（2）掌握 IGBT 的结构与原理。

能力目标
（1）能描述功率放大器的原理与结构；
（2）能完成 IGBT 的检测。

素养目标
（1）培养学生分析问题解决问题的能力；
（2）培养学生独立思考的能力。

任务描述

小李经培训考核后入职一家电动汽车 4S 店，经理让他分享如何进行 IGBT 检测，如果你是小李，你该如何讲解？

知识链接

1. 概述

IGBT 是 Insulated Gate Bipolar Transistor 的缩写，即绝缘栅双极型晶体管，是近年来高速发展的新型电力半导体场控自关断功率器件，是驱动电机系统的控制中心，又称智能功率模块。它的主要作用是将动力电池的直流电逆变成电压、频率可调的三相交流电，给配套的电机使用。IGBT 集功率 MOSFET 的高速性能与双极性器件的低电阻于一体，具有输入阻抗高、开关速度快、驱动电路简单、通态电压低、能承受高电压大电流等优点，已广泛应用于变频器和其他调速电路中。

IGBT 模块如图 3-3-1 所示，绝缘栅双极型晶体管（IGBT）结构示意如图 3-3-2 所示。

图 3-3-1 IGBT 模块

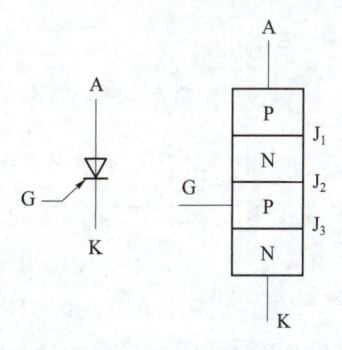

图 3-3-2 绝缘栅双极型晶体管（IGBT）结构示意

2. 组成

IGBT 为三端器件：栅极 G、集电极 C 和发射极 E。IGBT 结构、简化等效电路及电气图形符号如图 3-3-3 所示。

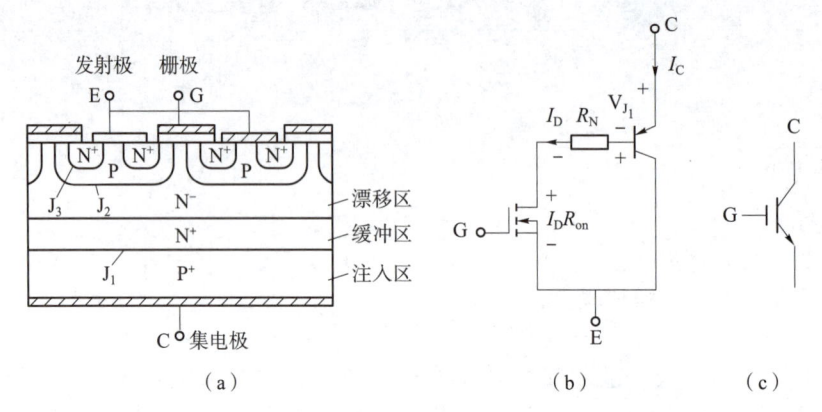

图 3-3-3　IGBT 结构、简化等效电路及电气图形符号

GTR，MOSFET，IGBT 电子元件结构比较如图 3-3-4 所示。

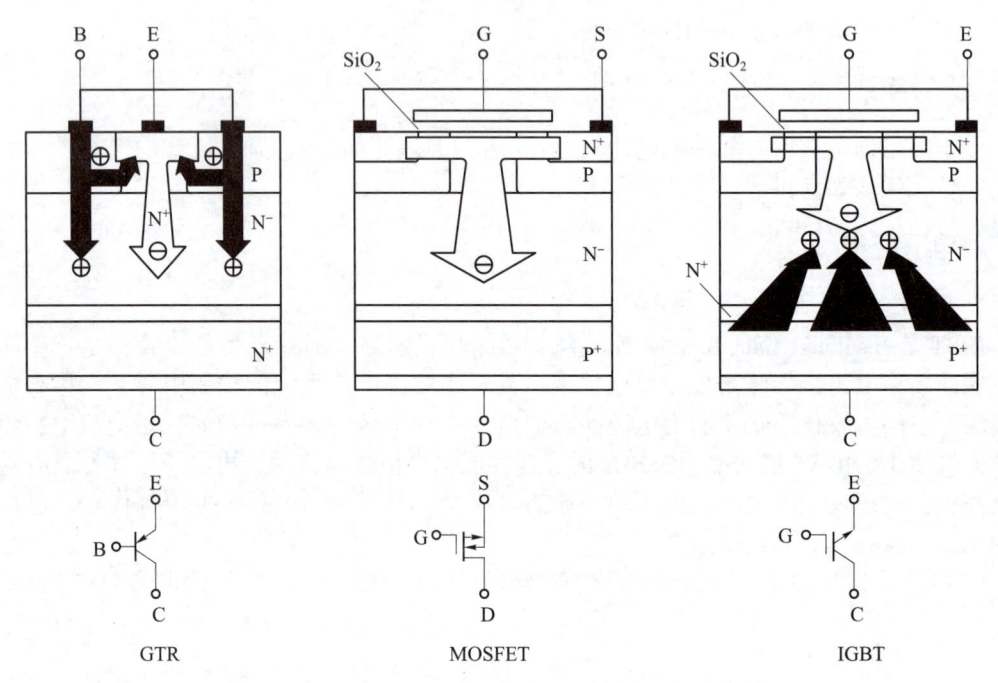

图 3-3-4　GTR，MOSFET，IGBT 电子元件结构比较

GTR 由 N^+，P，N^-，N^+ 4 层半导体组成，无 SiO_2 绝缘层。

MOSFET 由 N^+，P，N^-，N^+ 4 层半导体组成，有 SiO_2 绝缘层。

IGBT 由 N^+，P，N^-，N^+，P^+ 5 层半导体组成，有 SiO_2 绝缘层。

简化等效电路表明，IGBT 是 GTR 与 MOSFET 组成的达林顿结构，一个由 MOSFET 驱动的厚基区 PNP 晶体管。它既有 MOSFET 容易驱动的特点，也有功率晶体管电压、电流容量大的优点。

3. 原理

GTR 是集电极 C、基极 B、发射极 E 3 个电极，当 B，E 间通过一个小电流，则在 C，E 间有大电流流过，是电流放大电流的器件。

MOSFET 是漏极 D、栅极 G、源极 S 3 个极，当 G，S 间施加一个电压，则在 D，S 间有大电流流过，是电压放大电流的器件。

IGBT 有集电极 C、极栅 G、发射极 E 3 个极，当 G，E 间施加一个电压，则在 C，E 间有大电流流过，是电压放大电流的器件。

IGBT 是通过栅极驱动电压来控制的开关晶体管，工作原理同 MOSFET 相似，是一种场控器件，其通断由栅极电压决定。当栅极上加正偏置且数值大于开启电压时，MOSFET 内形成沟道，为晶体管提供基极电流，使得 IGBT 导通。当栅射极间施加反压或不加信号时，MOSFET 内的沟道消失，晶体管的基极电流被切断，IGBT 关断。

三者的区别在于 IGBT 是电导调制来降低通态损耗的。GTR 电晶体管饱和压降低，载流密度大，但驱动电流也较大。MOSFET 驱动功率很小，开关速度快，但导通压降大，载流密度小。IGBT 综合了两种器件的优点，驱动功率小而饱和压降低。

采用 IGBT 的三相电压型桥式逆变电路如图 3-3-5 所示。

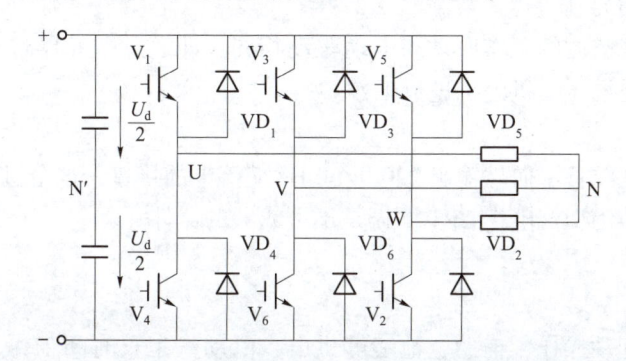

图 3-3-5 采用 IGBT 的三相电压型桥式逆变电路

4. 应用

IGBT 是能源变换与传输的核心器件，主要应用在航空航天、轨道交通、智能电网、电动汽车与新能源装备等领域。新能源汽车通过电池驱动电机来给汽车提供动力输出，所以存在交流市电给汽车电池充电和电池放电来驱动电机使汽车行驶的场景。这些过程都需要通过使用 IGBT 设计的电路来实现。

（1）应用在充电桩。

220 V 交流市电给电池充电时，需要通过 IGBT 设计的电源转换电路将交流电转变成直流电给电池充电，同时要把 220 V 电压转换成适当的电压才能给电池组充电。

比如特斯拉的快充为高功率直流电充电，充电功率一般可达 40 kW 以上，把电网的交流电转化成直流电，输送到汽车的快充口，电能直接进入电池充电。

（2）应用在电机驱动。

新能源汽车使用的是交流电机，电池的直流电不能直接驱动电机工作，需要通过 IGBT 组成的电路，把直流电转变成交流电，同时对交流电机的变频和变压进行控制。

如图 3-3-6 所示是直流电源利用 IGBT 的开关作用来驱动电机转动的简单示意图，控制器负责输出控制 IGBT1～6 的开启和关闭的信号，从而将电池的直流电转换为可驱动三相异步交流电机转动的交流电。

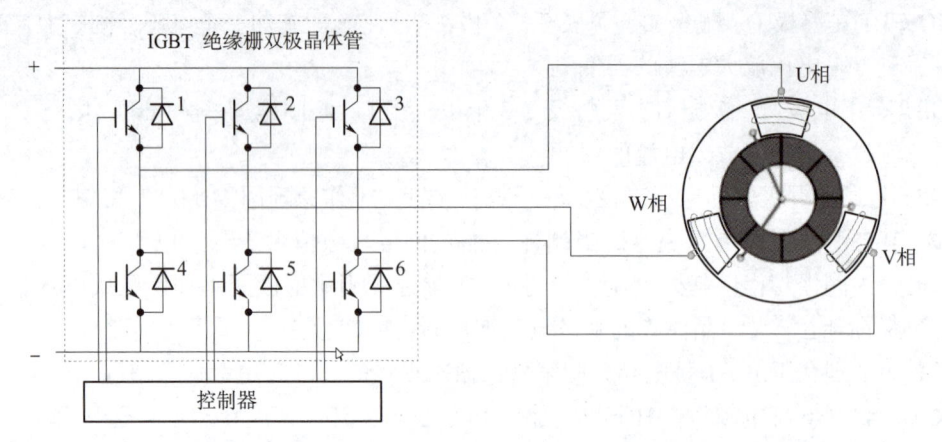

图 3-3-6　直流电源利用 IGBT 的开关作用来驱动电机转动的简单示意图

（3）应用在车载空调。

新能源汽车车载空调的工作原理与电动驱动相同，即通过逆变器将电池的直流电转换成交流电后，驱动空调压缩机电机进行工作。

（4）逆变器。

有些新能源车还配备了向外输出 220 V/50 Hz 交流电的接口，这个过程是将电池的直流电通过逆变电路转换为交流电，IGBT 同样是不可或缺的器件。

5. 检测

（1）情景描述。

电动汽车正常起动操作，辅助电池能够供电，电动汽车长时间工作，电动汽车瞬间处于制动停车状态，电动汽车仪表出现故障提示，即车辆行驶中掉高压故障。

（2）故障分析。

解决行驶当中掉高压故障时，首先要查看仪表故障指示灯，系统故障指示灯亮，则需要排查故障，通过诊断仪检查故障码为 IGBT 下桥臂短路，根据故障码对控制器进行实际测量，确认故障件。

车辆上电时出现两种情况：

1）可以正常 READY，但很快系统故障指示灯和动力电池故障指示灯点亮。

2）可以正常 REARY，挂挡后很快系统故障指示灯点亮，读取故障码分别为 IGBT 下桥臂短路与高压继电器闭合前提下绝缘故障，此故障为综合性问题，可能会同时涉及多个故障，应分别进行分析，车辆 READY 上电起动流程图，应重点排查电机控制器与电机问题。

（3）实施检测。

1）读取故障码，分析故障部位。

判定车辆存在的问题故障后，通过 OBD 口对整车进行诊断，读取故障码（见图 3-3-7），分析 VCU、电池管理系统（Battery Management System，BMS）（绝缘监测）、PEU 故障码，根据诊断故障码判断异常模块。

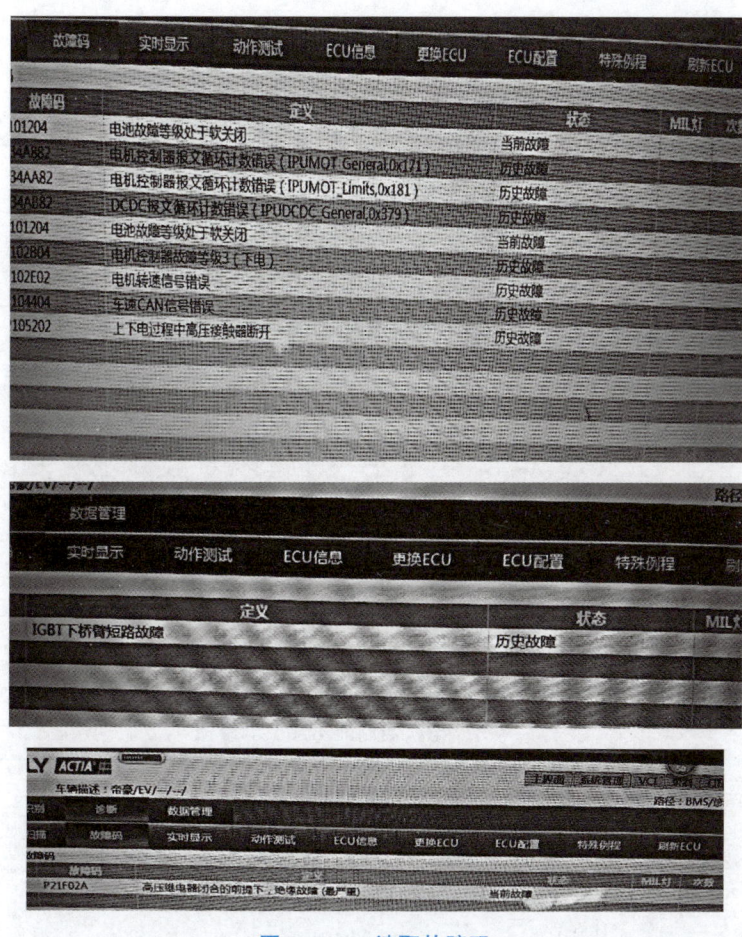

图 3-3-7 读取故障码

仪表亮系统故障灯⚡，通过 OBD 口用诊断仪对整车进行诊断，读取故障码，即 VCU 故障码（见图 3-3-8）和 PEU 故障码（见图 3-3-9），根据诊断故障码判断异常模块，进行检查。

图 3-3-8 VCU 故障码

· 117 ·

图 3-3-9　PEU 故障码

2）测量电机控制器电压值，确认电机控制器 IGBT 损坏。

电机控制器 IGBT 测量值如表 3-3-1 所示。检测结果如图 3-3-10 所示。

表 3-3-1　电机控制器 IGBT 测量值

		万用表黑表笔					
			T+	T-	U	V	W
万用表红表笔	T+		无穷大	无穷大	无穷大	无穷大
	T-	0.6 V		0.3 V	0.3 V	0.3 V
	U	0.3 V	无穷大			
	V	0.3 V	无穷大			
	W	0.3 V	无穷大			

图 3-3-10　检测结果

（a）、（c）检测结果正常；（b）检测结果不正常

3）严格按照电机维修高压操作规范实施更换电机控制器 PEU，复接连接线缆，路试车辆可以正常行驶。

（4）总结。

故障码分析，电机控制器未上高压之前 IGBT 自检电路检测正常，于是发送 normal 给 VCU，车辆 READY，然后 BMS 检测 PEU 绝缘问题，仪表显示 ⚠️🔋。当挂挡的时候，PEU 在上高压的状态下 IGBT 检测短路，VCU 报系统故障灯。

任务工单

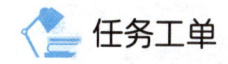

工单 3　IGBT 的检测

学生姓名		班级		学号	
实训场地		日期		车型	

任务要求	（1）能描述功率放大器的原理与结构； （2）能完成 IGBT 的检测

相关信息	（1）IGBT 即＿＿＿＿＿＿＿＿＿＿＿＿，是近年来高速发展的新型电力半导体场控自关断功率器件，是驱动电机系统的控制中心，又称智能功率模块。 （2）IGBT 有＿＿＿＿、＿＿＿＿、发射极 E 三个极。 （3）IGBT 在汽车上有哪些应用？ ＿＿

计划与决策	请根据任务要求，确定所需要的场地和物品，并对小组成员进行合理分工，制订详细的工作计划。 1. 人员分工 小组编号：＿＿＿＿＿＿＿＿，组长：＿＿＿＿＿＿＿＿ 小组成员：＿＿＿＿＿＿＿＿＿＿＿＿＿＿＿＿＿＿＿＿＿＿ 我的任务：＿＿＿＿＿＿＿＿＿＿＿＿＿＿＿＿＿＿＿＿＿＿ 2. 准备场地及物品 检查并记录完成任务需要的场地、设备、工具及材料。 （1）场地。 检查工作场地是否清洁及存在安全隐患，如不正常，请汇报老师并及时处理。 记录：＿＿ （2）设备及工具。 检查防护设备和工具：＿＿ 记录操作过程中使用的设备及工具：＿＿ （3）安全要求及注意事项。 1）实训汽车停在实训工位上，没有经过老师批准不准起动，经老师批准起动，首先应先检查车轮的安全顶块是否放好，手制动是否拉好，排挡杆是否放在 P 挡（A/T），车前是否没有人； 2）禁止触碰任何带安全警示标示的部件； 3）当拆卸或装配高压配件时，需断开 12 V 电源，并进行高压系统断电； 4）在安装和拆卸过程中，应防止制动液、冷却液等液体进入或飞溅到高压部件上；

续表

计划 与 决策	5）实训期间禁止嬉戏打闹。 3. 制订工作方案 根据任务，小组进行讨论，确定工作方案（流程/工序），并记录。 _____ _____ _____ _____
实施 与 检查	（1）完成IGBT的检测，并记录。 _____ _____ _____ （2）总结检测过程中的注意事项。 _____ _____ _____
评估	（1）请根据自己任务完成的情况，对自己的工作进行自我评估，并提出改进意见。 _____ （2）评分（总分为自我评价、小组评价和教师评价得分值的平均值）。 自我评价：_____ 小组评价：_____ 教师评价：_____ 总　　分：_____

任务 4　转角位置传感器的检测

任务目标

知识目标
（1）能描述转角位置传感器的功能；
（2）能说出转角位置传感器的类型与特点。

能力目标
（1）能对转角位置传感器进行检测；
（2）能够检测旋转变压器电阻、信号电压与波形。

素养目标
（1）培养学生团结协作的精神；
（2）培养学生创新能力。

任务描述

小李在一家电动汽车 4S 店工作，经理让他给入职的新员工分享转角位置传感器相关知识，如果你是小李，你该如何讲解？

知识链接

1. 概述

在电机的控制中，电机控制器需要获得电机转子的位置、旋向、转速等参数以便进行相关控制，而这些参数的获得需要位置传感器进行获取。位置传感器是一种关键部件，在新能源汽车中扮演着关键的角色。转角位置传感器能检测电机转子的位置和转速，提供给控制器以参考，控制电机的转速和转矩。如果位置传感器出现问题，电机的控制将失去参考和准确性，导致电机无法正常工作或出现异常，进而影响车辆正常行驶。

2. 分类

根据其应用的原理不同，常用的电机转角位置传感器包括 3 种类型：旋转变压器、光电编码器、霍尔位置传感器，如图 3-4-1 所示。

（1）旋转变压器（电磁式位置传感器）

旋转变压器（见图 3-4-2）简称旋变，是一种输出电压随转子转角变化的器件，同时也是一种电磁式传感器，又称同步分解器。旋转变压器用来检测电机转子的位置和转速，一般安装在电动机的后端盖内。

在电动汽车上，使用旋转变压器作为测量驱动电机转速的元件，并将转速信号传递给电机控制器。

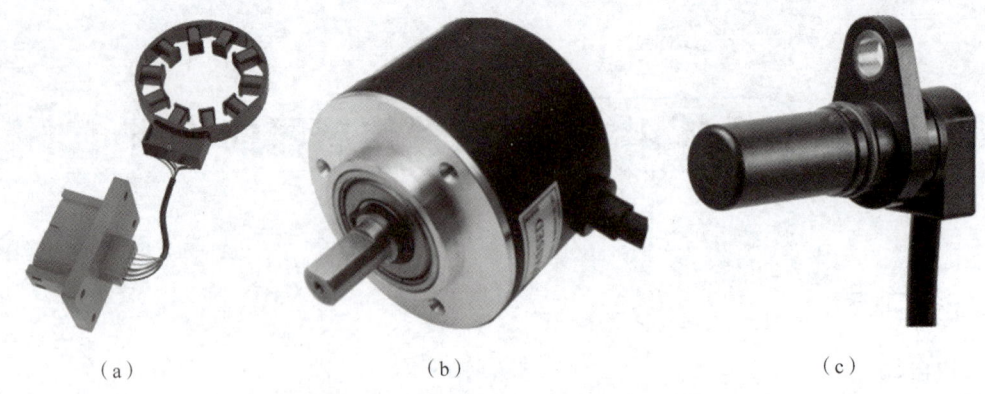

（a） （b） （c）

图 3-4-1　常用的电机转角位置传感器
(a) 旋转变压器；(b) 光电编码器；(c) 霍尔位置传感器

图 3-4-2　旋转变压器

旋转变压器包含 3 个绕组，即 1 个转子绕组和 2 个定子绕组，转子绕组随电动机旋转，定子绕组位置固定且 2 个定子互为 90°角。

定子（见图 3-4-3）包括 3 种线圈：励磁绕组、余弦绕组和正弦绕组。

定子绕组作为变压器的原边，接受励磁电压，励磁频率通常为 400 Hz、3 000 Hz 及 5 000 Hz 等。

旋转变压器的转子（见图 3-4-4）一般由多块不规则形状的金属钢片叠加而成，安装在电机转子轴上。

图 3-4-3　定子 　　　　　　　　图 3-4-4　转子

转子绕组作为变压器的副边，通过电磁耦合得到感应电压。旋转变压器的工作原理和普通变压器基本相似，区别在于普通变压器的原边、副边绕组是相对固定的，所以输出电压和输入电压之比是常数，而旋转变压器的原边、副边绕组则随转子的角位移发生相对位置的改变，因而其输出电压的大小随转子角位移而发生变化，输出绕组的电压幅值与转子转角成正弦、余弦函数关系，或保持某一比例关系，或在一定转角范围内与转角呈线性关系。

当励磁绕组以一定频率的交流电压励磁时,输出绕组的电压幅值与转子转角成余弦函数关系,或保持一定比例关系或在一定转角范围内与转角呈线性关系。

绕组如图3-4-5所示,波形如图3-4-6所示。

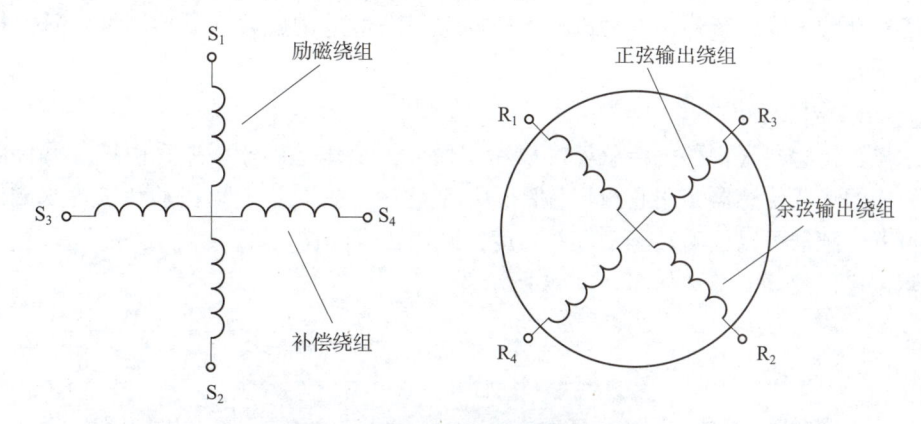

图 3-4-5 绕组

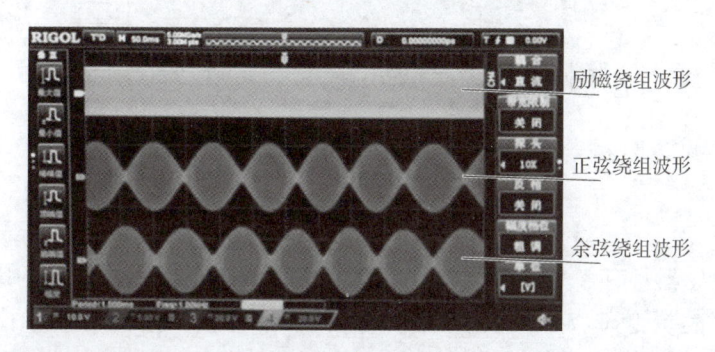

图 3-4-6 波形

(2) 光电编码器。

光电编码器是一种通过光电转换将输出轴的机械几何位移量转换成脉冲或数字量的传感器,这是目前应用最多的编码器。

光电编码器主要由光栅盘和光电检测装置构成,在伺服系统中,光栅盘与电动机同轴使电动机的旋转带动光栅盘的旋转,再经光电检测装置输出若干个脉冲信号,根据该信号的每秒脉冲数便可计算当前电动机的转速。

光电编码器的码盘输出两个相位差相差90°的光码,根据双通道输出光码的状态的改变便可判断出电动机的旋转方向。

光电编码器的结构如图3-4-7所示。

旋转变压器和光电编码器是目前伺服领域应用最广的测量元件,其原理和特性上的区别决定了应用场合和使用方法的不同。

光电编码器直接输出数字信号,处理电路简单,噪声容限大,容易提高分辨率。其缺点是不耐冲击,不耐

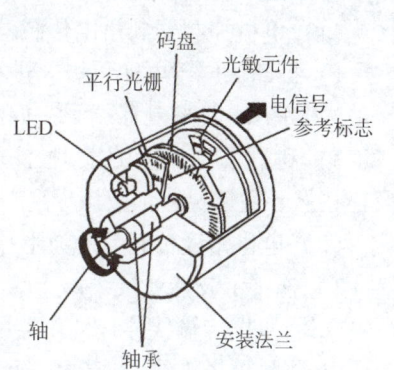

图 3-4-7 光电编码器的结构

高温，易受辐射干扰，因此不宜用在军事和太空领域。

旋转变压器具有耐冲击、耐高温、耐油污、高可靠、长寿命等优点。其缺点是输出为调制的模拟信号，输出信号解算较复杂。

由于振动冲击等的影响，电动汽车上驱动电机一般采用旋转变压器测量永磁电机磁场位置和转子转速。

（3）霍尔位置传感器。

霍尔位置传感器是一种磁传感器，以霍尔效应为工作基础，一般是由霍尔元件和其附属电路组成的集成传感器，用它可以检测磁场变化。永磁同步电动机的转子为永磁体，通过霍尔位置传感器可以检测转子磁场的强度，确定转子位置。

霍尔位置传感器的结构如图 3-4-8 所示。

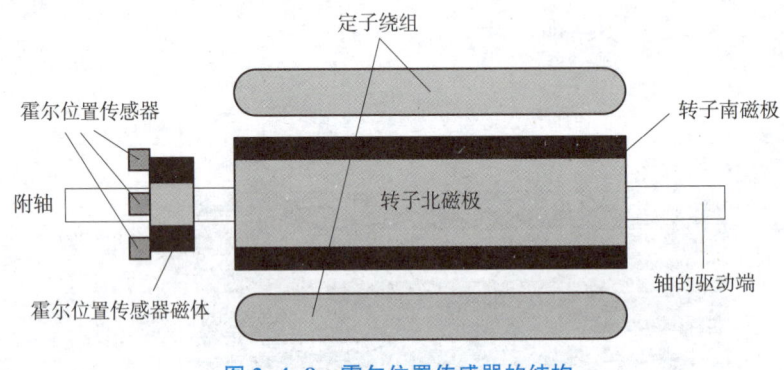

图 3-4-8 霍尔位置传感器的结构

霍尔位置传感器具有 3 个优点：其一是输出信号电压幅值不受转速的影响；其二是频率响应高；其三是抗电磁波干扰能力强。因此，霍尔传感器广泛应用于控制系统的转速检测。

3. 原理

高压电信号输入电机，转角位置传感器检测电机转子的转角位置，并传递给电机控制器，经内旋变解码器解码后，电机控制器可以获得电机转子当前位置，根据转速需求和转子位置，控制相应的 IGBT 功率管导通，按顺序给定子 3 个线圈通电，驱动电机旋转从而输出转矩。

4. 检测

（1）电机控制器到角度传感器之间的线路连接检测。

1）拆卸低压蓄电池负极，进行高压中止与检验。

2）断开电机控制器端子，如图 3-4-9 所示。

3）利用万用表电阻挡，检测电机控制器接插件端子与电机解角器连接器端子之间线束及连接器导通情况，都应该导通，如图 3-4-10 所示。

（2）电机角度传感器的波形检测。

1）连接示波器及接线，步骤如下：

① 将数据传输线连接到仪器的端口上（见图 3-4-11）。

② 将负极搭铁线，连接在探针头部的插孔内（见图 3-4-12）。

③ 检测时要将探针和被检测元件的延长线连接。

项目三 ▶▶▶▶ 电机控制器结构与检修

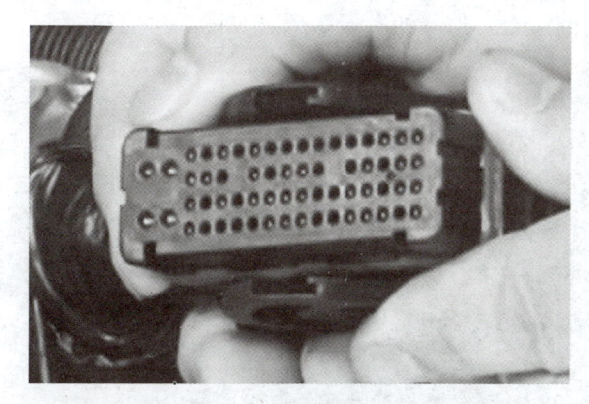

图 3-4-9　电机控制器端子

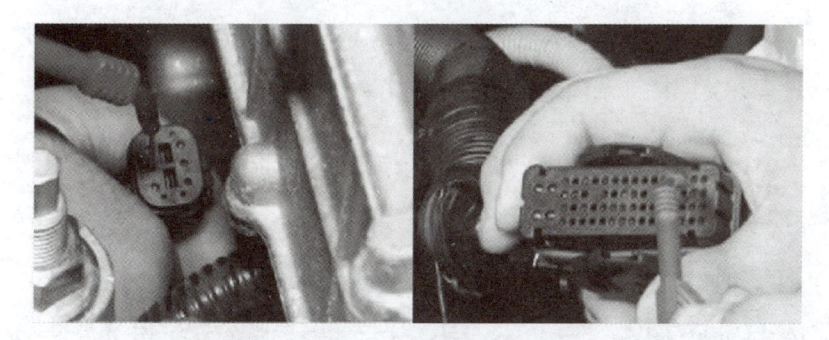

图 3-4-10　检测连接器导通情况

图 3-4-11　将数据传输线连接到仪器的端口上

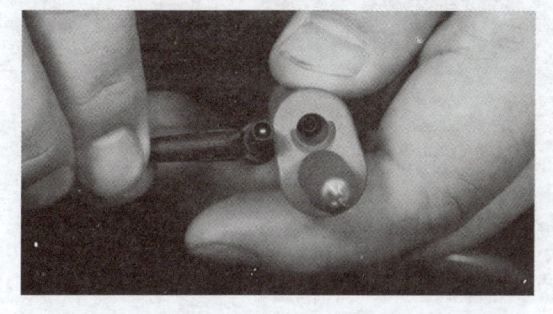

图 3-4-12　将负极搭铁线，连接在探针头部的插孔内

2）将延长线插入被检测解角器的端子后部（见图 3-4-13）。

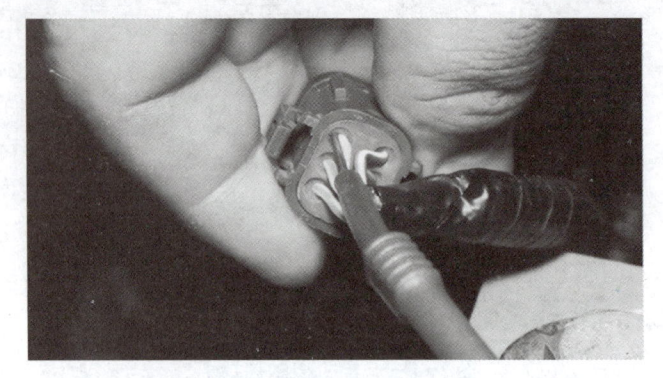

图 3-4-13　将延长线插入被检测解角器的端子后部

3）插好解角器连接器（见图 3-4-14），示波器搭铁线搭铁。
4）起动点火开关，按下示波器电源键，打开示波器（见图 3-4-15）。

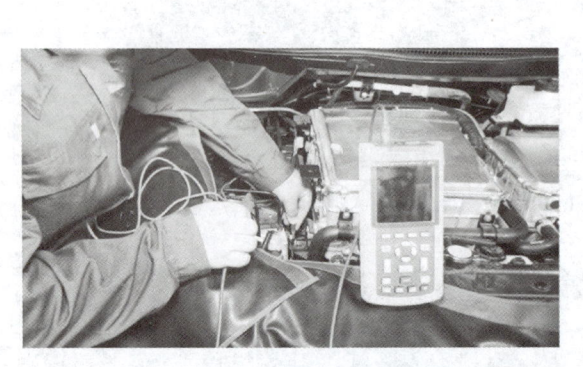

图 3-4-14　插好解角器连接器　　　　图 3-4-15　打开示波器

5）将示波器探针和角度传感器端子延长线连接，观察示波器上的波形。检测车辆无负载时角度传感器的波形（见图 3-4-16）。

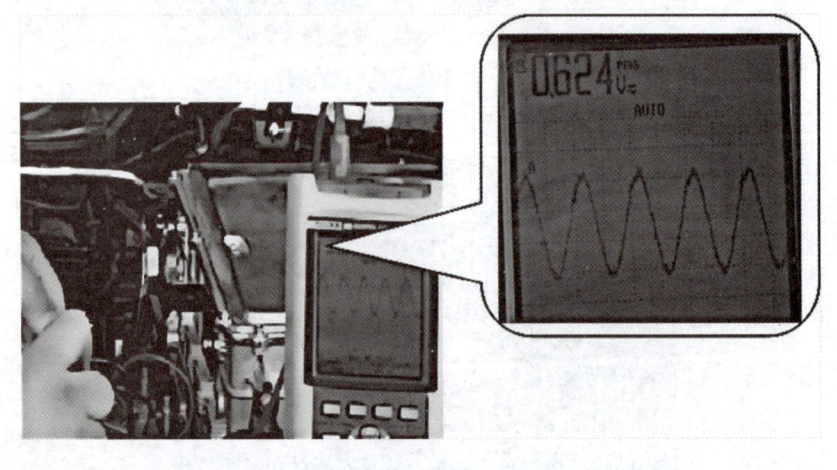

图 3-4-16　检测车辆无负载时角度传感器的波形

6）车辆加速，检测角度传感器的波形随着电机转速变化而发生变化情况（见图3-4-17）。

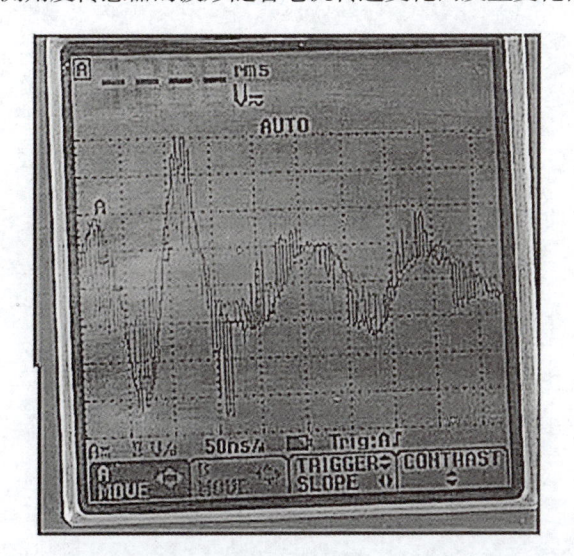

图 3-4-17　检测角度传感器的波形随着电机转速变化而发生变化情况

7）检测完毕，按下示波器电源键，关闭仪器电源，将仪器及工具归位。

任务工单

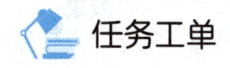

工单 4　转角位置传感器的检测

学生姓名		班级		学号	
实训场地		日期		车型	
任务要求		(1) 能对转角位置传感器进行检测； (2) 能够检测旋转变压器电阻、信号电压与波形			
相关信息		(1) 常用的电机转角位置传感器有：＿＿＿＿、＿＿＿＿、＿＿＿＿等类型。 (2) 旋转变压器用来测量电机转子的＿＿＿＿＿和＿＿＿＿＿。 (3) 旋转变压器定子包括3种线圈：＿＿＿＿、＿＿＿＿和＿＿＿＿。 (4) 光电编码器是一种通过＿＿＿＿转换将输出轴的机械几何位移量转换成＿＿＿＿的传感器。			
计划与决策		请根据任务要求，确定所需要的场地和物品，并对小组成员进行合理分工，制订详细的工作计划。 1. 人员分工 小组编号：＿＿＿＿＿＿，组长：＿＿＿＿＿＿ 小组成员：＿＿＿＿＿＿＿＿＿＿＿＿＿＿＿＿＿＿ 我的任务：＿＿＿＿＿＿＿＿＿＿＿＿＿＿＿＿＿＿ 2. 准备场地及物品 检查并记录完成任务需要的场地、设备、工具及材料。 (1) 场地。 检查工作场地是否清洁及存在安全隐患，如不正常，请汇报老师并及时处理。 记录：＿＿＿＿＿＿＿＿＿＿＿＿＿＿＿＿＿＿＿＿ ＿＿＿＿＿＿＿＿＿＿＿＿＿＿＿＿＿＿＿＿＿＿ (2) 设备及工具。 检查防护设备和工具：＿＿＿＿＿＿＿＿＿＿＿＿ ＿＿＿＿＿＿＿＿＿＿＿＿＿＿＿＿＿＿＿＿＿＿ 记录操作过程中使用的设备及工具：＿＿＿＿＿＿ ＿＿＿＿＿＿＿＿＿＿＿＿＿＿＿＿＿＿＿＿＿＿ (3) 安全要求及注意事项。 1) 实训汽车停在实训工位上，没有经过老师批准不准起动，经老师批准起动，首先应检查车轮的安全顶块是否放好，手制动是否拉好，排挡杆是否放在P挡（A/T），车前是否没有人； 2) 禁止触碰任何带安全警示标示的部件； 3) 当拆卸或装配高压配件时，需断开12 V电源，并进行高压系统断电； 4) 在安装和拆卸过程中，应防止制动液、冷却液等液体进入或飞溅到高压部件上； 5) 实训期间禁止嬉戏打闹。			

续表

计划 与 决策	3. 制订工作方案 根据任务，小组进行讨论，确定工作方案（流程/工序），并记录。 _____ _____ _____ _____ _____
实施 与 检查	（1）电机控制器到角度传感器之间的线路连接检测。 _____ _____ _____ _____ （2）旋转变压器的检测。 _____ _____ _____ _____ （3）电机角度传感器的波形检测。 _____ _____ _____ _____
评估	（1）请根据自己任务完成的情况，对自己的工作进行自我评估，并提出改进意见。 _____ _____ （2）评分（总分为自我评价、小组评价和教师评价得分值的平均值）。 自我评价：_____ 小组评价：_____ 教师评价：_____ 总　　分：_____

任务5　DC/DC变换器的结构与工作原理

任务目标

知识目标
（1）能描述DC/DC变换器的基本组成；
（2）能描述DC/DC变换器的主要功能。

能力目标
（1）能分析DC/DC变换器的工作原理；
（2）能够诊断DC/DC变换器常见故障。

素养目标
（1）培养学生良好的思想道德素质；
（2）培养学生自主探究的能力。

任务描述

小李入职电动汽车4S店从事机电技师岗位已经两年时间，现有客户咨询纯电动汽车如果没有发电机，那么工作时，谁给12 V低压蓄电池充电？如果你是小李，你该如何讲解？

知识链接

1. 组成及作用

DC/DC变换器（见图3-5-1）是直流—直流的电压变换器，能将动力电池或逆变器产生的电能转换成12 V低压电能，给12 V蓄电池充电和车身电气设备供电。

图3-5-1　DC/DC变换器

（1）组成。
通常来看，一个基础的DC/DC变换器是由控制芯片、电感线圈、晶闸管、三极管以及不同型号的电容器构成。

DC/DC 变换器是将一种电平的直流电压变换为另一种电平的直流电压的电路。DC/DC 变换器的主要部件是变压器。利用变压器改变电压时，变压器需通过交流电压。充电电池是直流电压，因此 DC/DC 变换器通过利用功率半导体将来自充电电池的直流电压转换成交流电压，然后利用变压器转换交流电压，再利用功率半导体将交流电压转换成 12 V 的直流电压。利用功率半导体转换交流和直流时，为抑制电压波形的噪声，还使用了电容器。

DC/DC 接口定义如图 3-5-2 所示。

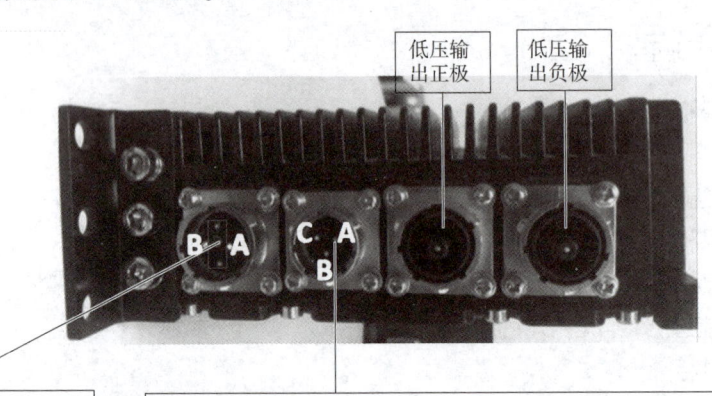

高压输入端
A脚：电源负极
B脚：电源正极
中间为高压互锁短接端子

低压控制端
A脚：控制电路电源正兼使能(直流12 V启动，0~1 V关机)
B脚：电源状态信号输出(故障线，故障：12 V高电平，正常：低电平)
C脚：控制电路电源负极

低压输出正极
低压输出负极

图 3-5-2 DC/DC 接口定义

将电机控制器 MCU 与 DC/DC 变换器集成是目前纯电动汽车与混合动力汽车驱动电机管理模块发展的一个趋势，集成度高的系统可节省成本，也利于系统之间信息的共享以及车辆部件位置的布置设计。

（2）作用。

在新能源汽车上，DC/DC 变换器主要的作用是将动力电池的高压直流电转换为低压 12 V 直流电，给整车低压用电系统供电，同时给蓄电池充电。

2. 分类

DC/DC 变换器是某直流电源转变为不同电压值的电路。DC/DC 变换器是开关电源技术的一个分支。开关电源技术包括 AC/DC、DC/DC 两个分支。DC/DC 变换器的基本电路有升压变换器、降压变换器、升降压变换器 3 种。

升压变换器：将低电压变换为高电压的电路。

降压变换器：将高电压变换为低电压的电路。

升降压变换器：将电压极性改变的电路，有正电源变负电源，负电源变正电源两类。

3. 基本原理

直流变换电路主要工作方式是脉宽调制（PWM）工作方式，基本原理是通过开关把直流电斩成方波（脉冲波），通过调节方波的占空比（脉冲宽度与脉冲周期之比）来改变电压。

（1）DC/DC 降压变换器基本原理。

DC/DC 降压变换器原理图如图 3-5-3 所示，当开关闭合时，加在电感两端的电压为 $(U_i - U_o)$，此时电感由电压 $(U_i - U_o)$ 励磁，电感增加的磁通为：$(U_i - U_o) \times t_{on}$。当开关断开时，由于输出电流的连续，二极管 V_D 变为导通，电感削磁，电感减少的磁通为：$U_o \times t_{off}$。当开关闭合与开关断开的状态达到平衡时，$(U_i - U_o) \times t_{on} = U_o \times t_{off}$，由于占空比 $D<1$，所以 $U_i > U_o$，实现降压功能。

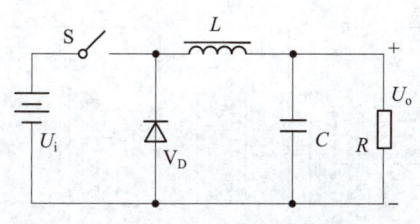

图 3-5-3 DC/DC 降压变换器原理图

（2）DC/DC 升压变换器基本原理。

DC/DC 升压变换器原理图如图 3-5-4 所示，当开关闭合时，输入电压加在电感上，此时电感由电压（U_i）励磁，电感增加的磁通为：$U_i \times t_{on}$。当开关断开时，由于输出电流的连续，二极管 V_D 变为导通，电感消磁，电感减少的磁通为：$(U_o - U_i) \times t_{off}$。当开关闭合与开关断开的状态达到平衡时，$U_i \times t_{on} = (U_o - U_i) \times t_{off}$，由于占空比 $D<1$，所以 $U_i < U_o$，实现升压功能。

（3）DC/DC 升降压变换器（反向变换器）基本原理

DC/DC 升降压变换器原理图如图 3-5-5 所示，当开关闭合时，此时电感由电压（U_i）励磁，电感增加的磁通为：$U_i \times t_{on}$；当开关断开时，电感消磁，电感减少的磁通为：$U_o \times t_{off}$。当开关闭合与开关断开的状态达到平衡时，增加的磁通等于减少的磁通，$U_i \times t_{on} = U_o \times t_{off}$，根据 t_{on} 比 t_{off} 值不同，可能 $U_i < U_o$，也可能 $U_i > U_o$。

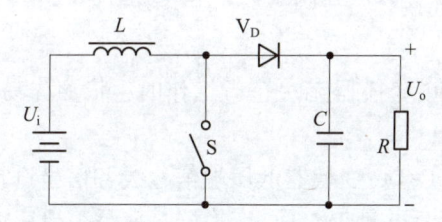

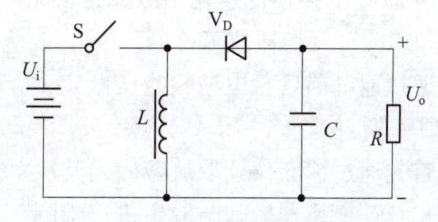

图 3-5-4 DC/DC 升压变换器原理图　　图 3-5-5 DC/DC 升降压变换器原理图

4. DC/DC 变换器的工作条件及判断是否工作的方法

（1）DC/DC 变换器工作条件。

① 高压输入范围为 DC290~420 V；

② 低压使能输入范围为 DC9~14 V。

（2）判断 DC/DC 变换器是否工作的方法。

① 保证整车线束正常连接的情况下，上电前使用万用表测量铅酸蓄电池端电压，并记录；

② 整车上 ON 电，继续读取万用表数值，查看变化情况，如果数值为 13.8~14 V，判断为 DC/DC 变换器工作。

5. DC/DC 变换器的工作过程

DC/DC 变换器工作过程如图 3-5-6 所示。

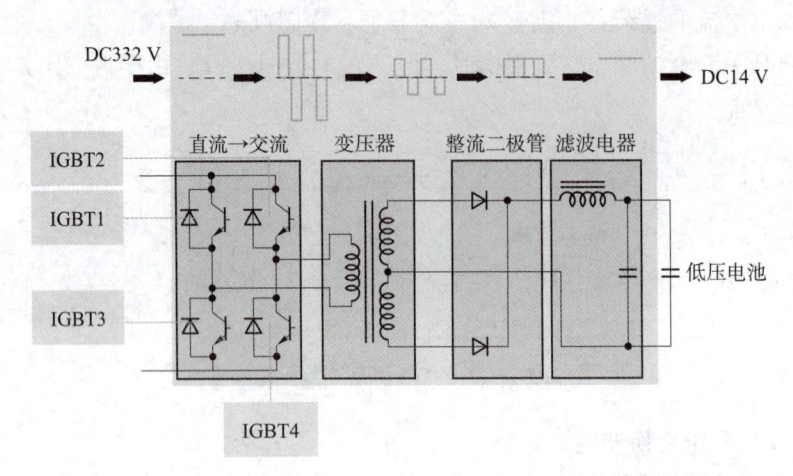

图 3-5-6 DC/DC 变换器工作过程

当 ECU 控制 IGBT2 和 IGBT3 导通时，动力电池组件电流从正极流经 IGBT2 至变压器初级绕组上端，向下流过初级绕组，经 IGBT3 到动力电池组件负极，完成回路。

当 ECU 控制 IGBT1 和 IGBT4 导通时，动力电池组件电流从正极流经 IGBT1 至变压器初级绕组下端，向上流过初级绕组，经 IGBT4 到动力电池组件负极，完成回路。

6. DC/DC 变换器常见故障及检修

（1）DC/DC 变换器常见故障。

1）DC/DC 变换器低压信号故障，涉及低压端供电、接地以及使能信号等。

2）DC/DC 变换器高压输入故障，多见于 DC/DC 变换器熔断器损坏。

3）DC/DC 变换器低压输出故障，常见于连接线路故障。

（2）DC/DC 变换器故障诊断。

1）通过通电前后蓄电池检查，断定 DC/DC 变换器无法正常工作时，依照先易后难的顺序对故障进行检查。

2）首先通过诊断仪读取故障码，其次对 DC/DC 变换器低压端信号线各信号进行检测，再次对 DC/DC 变换器输入与输出进行检测，最后验证 DC/DC 变换器总成是否损坏。

3）按照维修手册，做好新能源车辆维修操作安全防护后，首先通过诊断仪读取故障码，识别到故障码后，对 DC/DC 变换器低压端信号线各信号进行检测。

4）纯电动汽车常见的低压端信号线为供电端子、使能信号端子、接地端子，检查前先确认插件是否完好，插针是否退位，插件连接是否正常。

5）检查 DC/DC 变换器：拔下低压插件，用万用表直流电压挡测量供电端脚与蓄电池负极之间应有 12 V 蓄电池电压。

6）如无电压则检查前机舱保险盒 DC/DC 变换器低压供电端保险是否烧坏，如保险正常则检查供电端保险与插件供电端端脚线路是否导通。

7）检查 DC/DC 变换器负极，拔下低压插件，用万用表欧姆挡测量接地端端脚与车身搭铁之间是否导通，如不导通则排查线束与针脚退位。

8）检查 DC/DC 变换器使能信号，拔下低压插件，用万用表直流电压挡测量使能信号端脚与蓄电池负极之间应有 12 V 电压。

9）如无电压，则用万用表欧姆挡测量使能信号端脚与整车控制器对应端脚之间是否导通。

10）然后检测 DC/DC 变换器高压输入，熔断器的检测步骤：先将车钥匙拧到 OFF 挡，取下蓄电池负极接线柱，取下低压端线束插头，之后再打开 PDU 盒体，确认高压熔断器是否完好。

11）使用万用表电阻挡，测量熔断器电阻，如果电阻值小于 10 Ω，则熔断器完好。

12）DC/DC 变换器低压输出检测，检测前先确认正负输出线束与接插件是否完好，连接是否良好，有无松动、短路等现象。

13）DC/DC 变换器输出检测方法，拆下 DC/DC 变换器正负输出，红表笔接 DC/DC 变换器正极输出，黑表笔接蓄电池负极，钥匙打到 ON 状态，维持 ON 状态至少 15 s 后，正常电压为 12~16 V。

任务工单

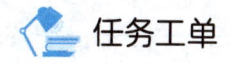

工单 5　DC/DC 变换器的结构与工作原理

学生姓名		班级		学号	
实训场地		日期		车型	
任务要求	\(1\) 能分析 DC/DC 变换器的工作原理； \(2\) 能够诊断 DC/DC 变换器常见故障					
相关信息	\(1\) DC/DC 变换器是_____转换为_____的电压变换器。 \(2\) DC/DC 变换器主要的作用是将动力电池的_____转换为低压 12 V 直流电，给整车低压用电系统供电，同时给_____充电。 \(3\) DC/DC 变换器的主要部件是_____					
计划与决策	请根据任务要求，确定所需要的场地和物品，并对小组成员进行合理分工，制订详细的工作计划。 1. 人员分工 小组编号：_____，组长：_____ 小组成员：_____ 我的任务：_____ 2. 准备场地及物品 检查并记录完成任务需要的场地、设备、工具及材料。 \(1\) 场地。 检查工作场地是否清洁及存在安全隐患，如不正常，请汇报老师并及时处理。 记录：_____ _____ \(2\) 设备及工具。 检查防护设备和工具：_____ _____ 记录操作过程中使用的设备及工具：_____ _____ \(3\) 安全要求及注意事项。 1）实训汽车停在实训工位上，没有经过老师批准不准起动，经老师批准起动，首先应检查车轮的安全顶块是否放好，手制动是否拉好，排挡杆是否放在 P 挡（A/T），车前是否没有人； 2）禁止触碰任何带安全警示标示的部件； 3）当拆卸或装配高压配件时，需断开 12 V 电源，并进行高压系统断电； 4）在安装和拆卸过程中，应防止制动液、冷却液等液体进入或飞溅到高压部件上； 5）实训期间禁止嬉戏打闹。					

续表

计划 与 决策	3. 制订工作方案 根据任务，小组进行讨论，确定工作方案（流程/工序），并记录。 _____ _____ _____ _____
实施 与 检查	（1）识别 DC/DC 变换器的位置及结构组成。 _____ _____ _____ （2）总结 DC/DC 变换器的故障及检测方法。 _____ _____ _____ _____
评估	（1）请根据自己任务完成的情况，对自己的工作进行自我评估，并提出改进意见。 _____ _____ （2）评分（总分为自我评价、小组评价和教师评价得分值的平均值）。 自我评价：_____ 小组评价：_____ 教师评价：_____ 总　　分：_____

任务 6　高压互锁与绝缘检测

任务目标

知识目标
（1）能描述高压互锁回路的基本组成；
（2）能描述高压系统绝缘检测的基本方法。

能力目标
（1）能够正确认识高压线束及连接器；
（2）能够进行高压线束绝缘的检测。

素养目标
（1）培养学生的安全意识；
（2）培养学生的探究能力。

任务描述

小李入职电动汽车 4S 店从事机电技师岗位已经两年时间，现在经理让他跟新同事分享高压互锁与绝缘检测方法，如果你是小李，你该如何讲解？

知识链接

1. 高压互锁

（1）定义。

高压互锁（High Voltage Inter-Lock，HVIL），又称高压互锁回路或危险电压互锁回路，是新能源汽车上的一种安全保护装置，通过使用电气小信号来检查车辆高压器件、线路、连接器及护盖的电气完整性，若识别出回路异常断开时，则会在毫秒级时间内断开高压电，保障用户安全和汽车安全。高压互锁可分为结构互锁和功能互锁。

（2）作用。

高压互锁主要是用来保证高压系统安全，有以下 3 个作用：

一是用来检测高压回路是否松动（会导致高压断电，整车失去动力，影响乘车安全），并在高压断电之前给整车控制器提供报警信息，预留整车系统采取应对措施的时间。

二是在车辆上电行车之前发挥作用，检测到电路不完整时，则系统无法上电，避免因为虚接等问题造成事故。

三是防止人为误操作引发的安全事故。在高压系统工作过程中，如果没有高压互锁设计存在，手动断开高压连接点，在断开的瞬间，整个回路电压加在断点两端，电压击穿空气在两个器件之间拉弧，时间虽短，但能量很高，可能对断点周围的人员和设备造成伤害。

（3）组成。

1）互锁信号回路。

互锁信号回路（见图3-6-1）包括两部分，一部分用于监测高压供电回路的完整性，一部分用于监测所有高压部件保护盖是否非法开启。

高压互锁信号线与高压电源线并联，将所有的连接串接起来，组成一个完整的回路，高压部件保护盖与盒盖开关联动，盒盖开关串联在高压互锁信号回路中。

若高压回路内某一部位未连接到位，则互锁信号送入整车控制器内，整车控制器不让动力电池对外供电。

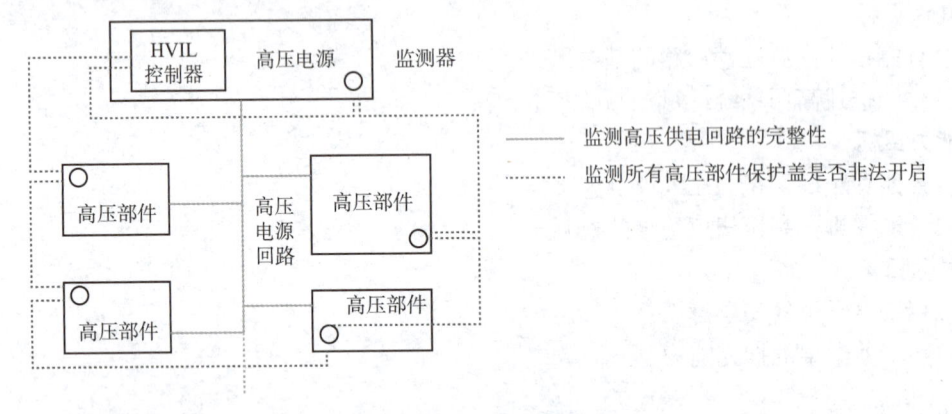

图3-6-1 互锁信号回路

2）互锁监测器。

互锁监测器分为两种，一种用于监测高压连接器连接是否完好，另外一种用于监测高压部件的保护盖是否开启。

① 高压连接器监测器。

如图3-6-2所示是一体式高压连接器监测器。

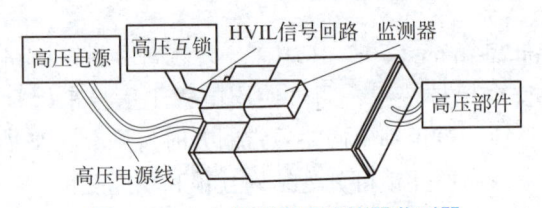

图3-6-2 一体式高压连接器监测器

EV160车型动力电池高压母线互锁监测器（见图3-6-3）原理：在动力母线拔出时，其也会随之断开，HVIL高压互锁回路就会触发高压断电信号，保障用户的操作安全。

② 高压部件开盖监测器。

如图3-6-4所示是某高压部件开盖监测器。

高压部件开盖监测器的结构类似于连接器，一端安装于高压部件保护盖上，另外一端安装于高压部件主体内部，当保护盖开启时连接器断开，HVIL信号中断。通常需要设置监测器的部件包括驱动电机控制器、高压控制盒等。

图 3-6-3　EV160 车型动力电池高压母线互锁监测器

图 3-6-4　某高压部件开盖监测器

如图 3-6-5 所示是高压控制盒开盖监测器。

图 3-6-5　高压控制盒开盖监测器

3）自动断路器。

自动断路器（也称正极、负极接触器）为高压互锁回路切断高压源的执行部件，形式类似于继电器。

（4）结构互锁。

1）认知。

结构互锁是通过监测器检测低压回路的通断，判断高压线路的通断，具体体现为高压插接件（见图 3-6-6）的通断。

图 3-6-6　高压插接件

2）作用。

① 在高压上电前确保整个高压系统的完整性，使整车高压系统处于一个封闭的环境，以提高安全性。

② 当整车在运行过程中高压系统回路断开或者完整性受到破坏时，需要启动安全防护。

③ 防止带电插拔高压连接器给高压端子造成的拉弧损坏。

3）高压互锁插头状态。

如图 3-6-7 所示是高压互锁插头示意图。

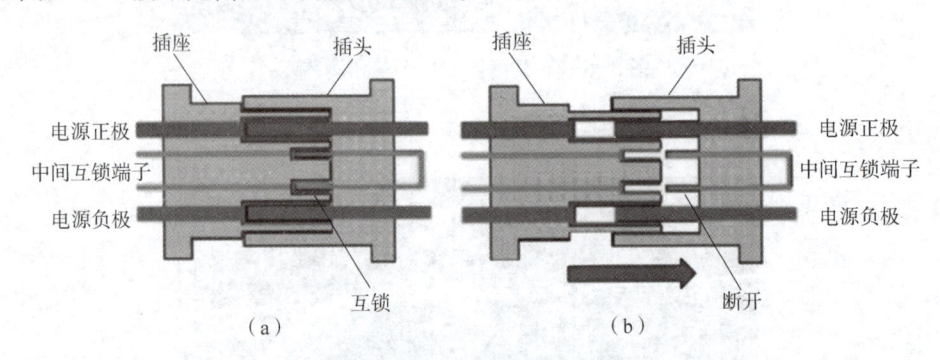

图 3-6-7　高压互锁插头示意图
(a) 高压插头（互锁连接状态）；(b) 高压插头（互锁断开状态）

高压互锁结构包含在接插件内部，通过互锁端子和主回路（高压）端子的长度和位置差异实现连接时，先连接高压端子，再连接低压端子；断开时，先断开低压端子，再断开高压端子。具体过程如下：

① 互锁连接状态。

高压互锁插头连接时，插座和插头接触，此时，高压正负极先接触，形成高压回路，然后中间互锁端子后接触，连接完成形成低压回路。

② 互锁断开状态。

高压互锁插头断开时，插座和插头分开，此时，中间互锁端子先断开，低压回路断路，高压正负极端子后断开，高压回路断路。

4）高压互锁线路连接。

如图 3-6-8 所示是高压互锁线路连接图。

互锁开关通过线束首尾连接，一端连接高压互锁监测系统（BMS 或 VCU），另一端返回自身或接地，组成高压互锁低压监测回路。

——— 低压线
——— 高压线

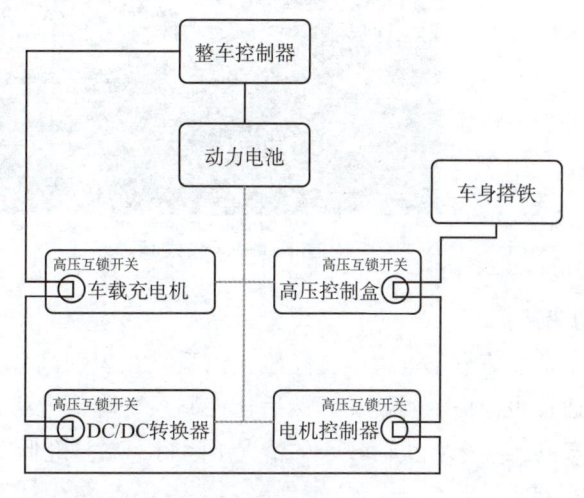

图 3-6-8　高压互锁线路连接图

5）高压互锁工作原理。

基本上所有高压部件都串联到互锁回路中，监测信号的系统（BMS 或 VCU）提供低电平信号（5 V/12 V），流经互锁回路后，线路返回监测系统或接地，监测系统通过检测电压信号判断互锁回路的通断，从而控制高压线路的通断。

（5）功能互锁。

出于安全考虑，电动汽车要带有充电互锁的功能，即在充电时电动汽车动力系统要处在断开的状态，以防止电动汽车连接在充电电源上时被意外起动。一些电动汽车是通过车辆端的充电插口实现该功能的，当充电插口插入充电插头时，控制系统会辨认插头已经连接到位。这时车辆的起动开关即便处于 ON 的位置，操作人员也不能真正起动车辆，加速踏板是失效的，以防止可能发生的线束拖拽或安全事故。

（6）控制策略。

高压互锁系统在识别到危险时，整个控制器应根据危险时的行车状态及故障危险程度运用合理的安全策略。

1）故障报警。

无论电动汽车在何种状态，高压互锁系统在识别到危险时，车辆应该对危险情况做出报警提示，需要仪表或指示器以声或光报警的形式提醒驾驶员，让驾驶员注意车辆的异常情况，以便及时处理，避免发生安全事故。

如图 3-6-9 所示是仪表盘显示故障。

2）切断高压源。

当电动汽车在停止状态时，高压互锁系统在识别严重危险情况时，除了进行故障报警，还应通知系统控制器断开自动断路器，使高压源被彻底切断，避免可能发生的高压危险，确保人身和财产安全。

图 3-6-9 仪表盘显示故障

3）降功率运行。

电动汽车在高速行车过程中，高压互锁系统在识别到危险情况时，不能马上切断高压源，应首先通过报警提示驾驶员，然后让控制系统降低电机的运行功率，使车辆速度降下来，以使整车高压系统在负荷较小的情况下运行，尽量降低发生高压危险的可能性。

（7）故障维修。

一辆 2017 年产比亚迪 e5 纯电动汽车，打开点火开关后无法上电，OK 指示灯闪烁后熄灭；动力系统警告灯亮，挡位控制器失效，不能正常换入挡位；仪表显示"请检查动力系统"字样。

1）检查分析。

维修人员接车后，首先连接诊断仪，进入双向逆变充放电式电机控制器（Vehicle TO Grid，VTOG）读取故障码，显示故障码为"P1A6000——高压互锁 1 故障"。进一步读取数据流操作，与该故障相关的主要数据流为：充放电——不允许；主接触器——断开；高压互锁 1——锁止。由此可初步确定该故障为高压互锁系统线路故障或高压互锁系统元件故障。

查阅比亚迪 e5 车型高压互锁电路结构简图（见图 3-6-10）可知，该车高压互锁电路由电池管理系统（BMS）、高压电池包、双向逆变充放电式电机控制器（VTOG）及空调加热器（PTC 制热）组成。

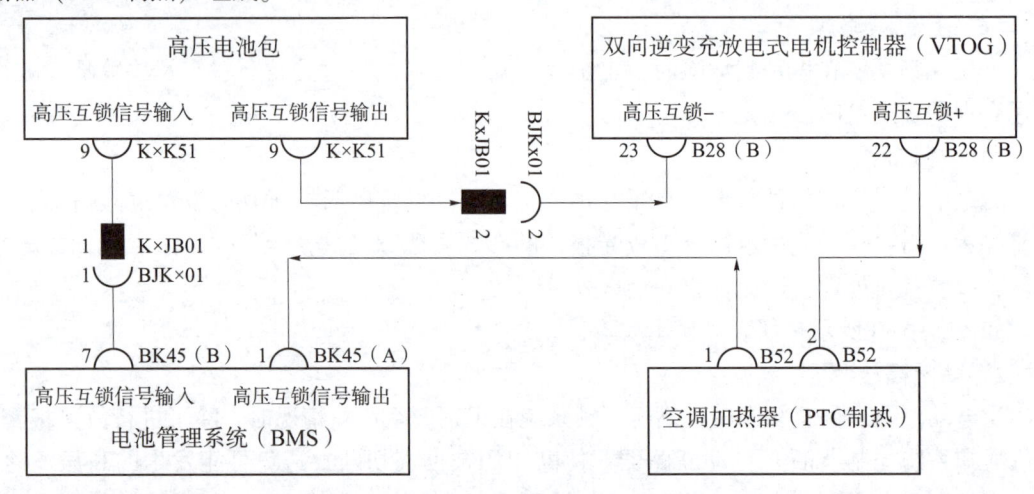

图 3-6-10 比亚迪 e5 车型高压互锁电路结构简图

2）检测步骤。

维修人员首先关闭点火开关，断开电池管理系统（BMS）的 BK45（A）插接器及 BK45（B）插接器，用万用表电阻挡测量 BK45（A）/1 端子与 BK45（B）/7 端子之间电阻，正常情况下阻值应小于 1 Ω，但实测发现该车的阻值为无穷大，这说明在互锁电路中存在断路。

断开双向逆变充放电式电机控制器（VTOG）的 B28（B）插接器，测量 BK45（B）/7 端子与 B28（B）/23 端子之间的电阻为 0.6 Ω，小于 1 Ω。由此可判断电池管理系统（BMS）到双向逆变充放电式电机控制器（VTOG）之间的线路是正常的。

继续测量 BK45（A）/1 端子与 B28（B）/22 端子之间线路的电阻值为无穷大，由此可以证实线路的断点位于双向逆变充放电式电机控制器（VTOG）到电池管理系统（BMS）之间的线路上。

为了明确断点所在位置，继续断开空调加热器（PTC）的 B52 插接器，测量 BK45（A）/1 端子与 B52/2 端子之间的电阻值为 0.5 Ω，正常。由此判断空调加热器（PTC）到电池管理系统（BMS）之间的线路是正常的。

此时，推断线路断点位于空调加热器（PTC）与双向逆变充放电式电机控制器（VTOG）之间的线路上。但是为了诊断流程更为严谨，测量 B52/2 端子与 B28（B）/22 端子之间的线路，电阻为无穷大，证实前面的判断。

需要注意的是，以上操作都需要在断电的情况下断开相应的插接器进行，严禁采用背插方式测量，以避免线路连通的情况下出现测量误差，影响结果判断。

3）故障排除。

更换空调加热器（PTC）与双向逆变充放电式电机控制器（VTOG）之间的线束，故障排除。

2. 绝缘检测

国家的电动汽车安全要求标准对人员的触电防护提出了明确的要求，其中包括对绝缘电阻值的最低要求。根据 GB/T18384—2020 第 5.1.4 条规定，在最大工作电压下，直流电路绝缘电阻应不小于 100 Ω/V，交流电路应不小于 500 Ω/V。各整车厂开发的纯电动车辆，则根据各自设定的电压等级来确定动力系统的绝缘电阻报警阈值。一旦电动汽车因为这些绝缘故障触及阈值，则车辆的绝缘在线监测模块会发信号给控制器，控制器会降低车辆输出功率，或者在合适的时候断开主电路继电器，使系统断电。

电动汽车绝缘的问题主要可以分为动力电池内部、电池外部的高压回路两大原因。

（1）动力电池内部。

动力电池内部主要是电解液泄露、外部液体进入、绝缘层被破坏之后，电池模组和单体电池出现了导电的回路等。这类故障发生之后可能会发生较为严重的后果（主要是打火和烧蚀，引起模块内单体电池的短路故障）。在大的动力电池模组内，可以通过模组内部、电池管理单元（Battery Management Unit，BMU）、BMS 和模组与托盘等多种绝缘措施控制。

（2）电池外部的高压回路。

电池外部的高压回路绝缘失效主要发生在高压连接器、高压线缆和高压用电部件内部，一般可以通过接触器断开而隔绝。

当发生了绝缘故障之后，对于维修人员，应首先保证人身安全，操作者须穿戴好一定安全等级、符合国家相关标准要求的防护用品（防护用品通常有使用年限要求），如绝缘手套（橡胶手套+外用手套）、绝缘安全鞋等。

（3）绝缘故障诊断。

如图 3-6-11 所示是吉利 EV300 新能源汽车高压配电系统图，高压配电系统中的任何高压部件发生绝缘故障（内部短路）均可引起整车绝缘故障，根据各高压部件的连接情况可进行绝缘检测。整车高压部件包括动力电池、驱动电机、电机控制器、PTC 加热器、车载充电机及电动压缩机等。

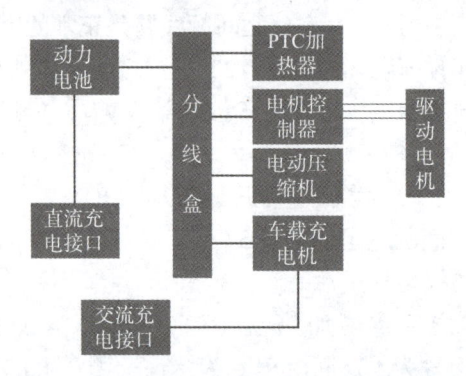

图 3-6-11 吉利 EV300 新能源汽车高压配电系统图

绝缘故障的诊断可大致分为两步：

1）初步诊断整车绝缘故障：诊断仪读取故障/CATL 读历史故障。

车辆上 ON 挡，连接诊断仪，读取故障码，确认系统报绝缘故障（BMS 报绝缘故障）。

2）确定绝缘故障部件。

① 车辆下电；

② 打开前机舱盖，拆掉盖板，拔掉 12 V 蓄电池的负极；

③ 拔掉手动维护开关（Manual Service Disconnect，MSD）；

④ 检查可能影响高压配电系统的售后加装装置；

⑤ 检查易于接触或能够看到的系统部件（高压线束、高压接插件、电机控制器、分线盒、车载充电机、PTC 加热器等），以查明其是否有明显损坏或存在可能导致故障的情况；

⑥ 检查分线盒内部是否有水或者灰尘等异物；

⑦ 检查分线盒高压线束连接器是否松动，内部是否有锈蚀的迹象；

⑧ 使用绝缘表逐一测量各高压部件的绝缘阻值。

各高压部件绝缘阻值检验标准值如表 3-6-1 所示。

表 3-6-1 各高压部件绝缘阻值检验标准值

高压部件名称	测试端	正常阻值/MΩ
动力电池直流母线	端子 1（正极）与车身搭铁（负极）	≥20
	端子 2（正极）与车身搭铁（负极）	≥20
PTC 加热器	端子 1（正极）与车身搭铁（负极）	≥20
	端子 2（正极）与车身搭铁（负极）	≥20

续表

高压部件名称	测试端	正常阻值/MΩ
AC 空调压缩机	端子 1（正极）与车身搭铁（负极）	≥10
	端子 2（正极）与车身搭铁（负极）	≥10
OBC 慢充充电机	端子 1（正极）与车身搭铁（负极）	≥10
	端子 2（正极）与车身搭铁（负极）	≥10
电机三项线束	U 项	≥20
	V 项	≥20
	W 项	≥20
PTC 加热器高压线束	线束端子 1（正极）与车身搭铁（负极）	≥20
AC 空调压缩机高压线束	线束端子 2（正极）与车身搭铁（负极）	≥10
PEU 电机控制器高压线束（输入）	T+、T-线束	≥20

如需对各高压部件进行绝缘检测，可用高压绝缘检测仪进行测量，阻值大于相应标准，则表示绝缘合格；反之，则为绝缘故障。

如对电机控制器绝缘进行检测：断开电机控制器线束连接器，使用高压绝缘检测仪红色表笔分别接触电机控制器端子 1，2 接口，黑色表笔接触电机控制器壳体，将高压绝缘检测仪的挡位调至 500 V，按住 test 测试按钮 1s 后放开，开始测试，高压绝缘检测仪表盘上显示"550 MΩ"，阻值大于规定阻值，绝缘合格，如图 3-6-12 所示。

图 3-6-12　绝缘监测

注意：如果高压部件绝缘检测没有问题，就要开盖检测高压部件里是否有异物导致绝缘故障（高压分线盒、PEU 电机控制器盖、电机三相线盖）。线束损坏，接插件松动、烧蚀都有可能导致绝缘故障。

任务工单

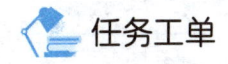

工单 6　高压互锁与绝缘检测

学生姓名		班级		学号	
实训场地		日期		车型	

任务要求	（1）能够正确认识高压互锁； （2）能够进行高压部件绝缘的检测
相关信息	（1）什么是高压互锁？有什么作用？ _____ _____ _____ （2）为什么要进行绝缘检测？ _____ _____ _____
计划 与 决策	请根据任务要求，确定所需要的场地和物品，并对小组成员进行合理分工，制订详细的工作计划。 1. 人员分工 小组编号：_____，组长：_____ 小组成员：_____ 我的任务：_____ 2. 准备场地及物品 检查并记录完成任务需要的场地、设备、工具及材料。 （1）场地。 检查工作场地是否清洁及存在安全隐患，如不正常，请汇报老师并及时处理。 记录：_____ _____ （2）设备及工具。 检查防护设备和工具：_____ _____ 记录操作过程中使用的设备及工具：_____ _____ （3）安全要求及注意事项。 1）实训汽车停在实训工位上，没有经过老师批准不准起动，经老师批准起动，首先应检查车轮的安全顶块是否放好，手制动是否拉好，排挡杆是否放在 P 挡（A/T），车前是否没有人； 2）禁止触碰任何带安全警示标示的部件； 3）当拆卸或装配高压配件时，需断开 12 V 电源，并进行高压系统断电；

续表

计划 与 决策	4）在安装和拆卸过程中，应防止制动液、冷却液等液体进入或飞溅到高压部件上； 5）实训期间禁止嬉戏打闹。 3. 制订工作方案 根据任务，小组进行讨论，确定工作方案（流程/工序），并记录。 _____ _____ _____ _____
实施 与 检查	（1）完成高压部件的绝缘检测，并记录。 _____ _____ _____ （2）总结检测过程中的注意事项。 _____ _____ _____
评估	（1）请根据自己任务完成的情况，对自己的工作进行自我评估，并提出改进意见。 _____ （2）评分（总分为自我评价、小组评价和教师评价得分值的平均值）。 自我评价：_____ 小组评价：_____ 教师评价：_____ 总　　分：_____

项目小结

（1）电机控制器是控制动力电源与驱动电机之间的能量传输装置，电机控制器既能将动力电池中的直流电转换为交流电以驱动电机，又能将交流电转换为直流电给动力电池充电。

（2）电机控制器主要由功率模块（IGBT）、接口电路、控制主板、驱动板、超级电容、放电电阻、电流传感器、外壳、水道等组成。

（3）IGBT即绝缘栅双极型晶体管，是近年来高速发展的新型电力半导体场控自关断功率器件，是驱动电机系统的控制中心，又称智能功率模块。

（4）常用的电机转角位置传感器有旋转变压器、光电编码器、霍尔传感器等类型。

（5）旋转变压器简称旋变，用来测量旋转物体的转轴角位移和角速度。

（6）DC/DC转换器是直流—直流的电压变换器，能将动力电池或逆变器产生的电能转换成12 V低压电能，给12 V蓄电池充电和车身电气设备供电。

项目四
驱动电机减速器结构与检修

对于变速箱，新能源汽车可根据自身概况进行配置，但减速器是新能源汽车不可缺少的配置部件。新能源汽车驱动电机减速器的作用是降低转速，增加转矩。通过本项目的学习，同学们应该掌握驱动电机减速器的结构与原理以及检测与维修等内容。

任务1　驱动电机减速器的结构与原理

任务目标

知识目标
（1）掌握驱动电机减速器的功用；
（2）掌握驱动电机减速器的结构。

能力目标
（1）能描述驱动电机减速器的工作原理；
（2）能识别驱动电机减速器部件。

素养目标
（1）培养学生正确的人生观和价值观，良好的思想道德素质；
（2）培养学生资料搜集、查阅、整理和应用的能力。

任务描述

小李经培训考核后入职一家电动汽车4S店，经理让他分享驱动电机减速器的结构和原理，如果你是小李，你该如何讲解？

知识链接

1. 驱动电机减速器的作用

对于电动汽车，由于电机本身有极高的转速和扭矩的输出范围，所以不需要复杂的变速箱进行调节，驱动系统结构得以大幅简化。但是汽车需要增大电机转矩，所以需要设置减速器，将电机的转速进行一定的降速并增大转矩，以适应汽车多种工况。

目前电动汽车动力传递大多采用驱动电机匹配减速器的架构，减速器介于驱动电机和驱动半轴之间，驱动电机的动力输出轴通过花键直接与减速器输入轴齿轮连接。

减速器的主要功能是将驱动电机的转速降低、扭矩升高，以实现整车对驱动电机的扭矩、转速需求。对于纯电动汽车，由于电动机本身具有较好的调速特性，其变速机构可被大大简化，较多的是仅采用一种固定速比的减速装置，省去了变速器、离合器等部件。当采用轮毂式电动机分散驱动方式时，又可以省去驱动桥、机械差速器、半轴等传动部件。

如图4-1-1所示是驱动电机减速器。

2. 驱动电机减速器的结构

纯电动汽车较多的采用固定速比的减速装置——减速器来与驱动电机搭配，从而省去了变速器、离合器等部件。减速器一般安装在电动汽车前机舱动力总成支架的下方，和驱动电机连接在一起。

如图4-1-2所示是驱动电机减速器结构图。

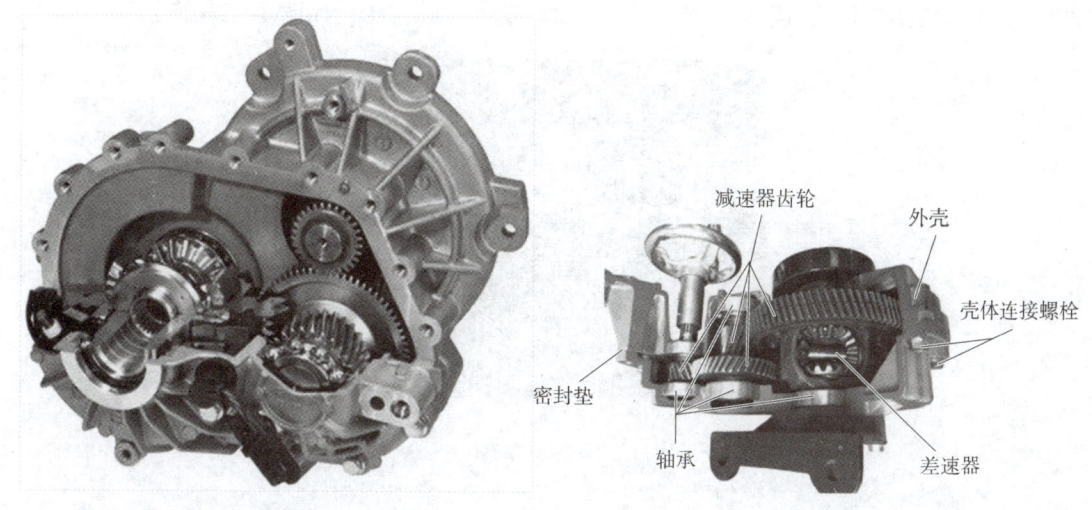

图 4-1-1 驱动电机减速器

图 4-1-2 驱动电机减速器结构图

减速器动力传递机械部分依靠两级齿轮副实现减速增矩。按功能和位置分为 4 大组件：减速器箱体、输入轴组件、中间轴组件、差速器组件。

如图 4-1-3 所示是减速器齿轮组与齿轮轴。

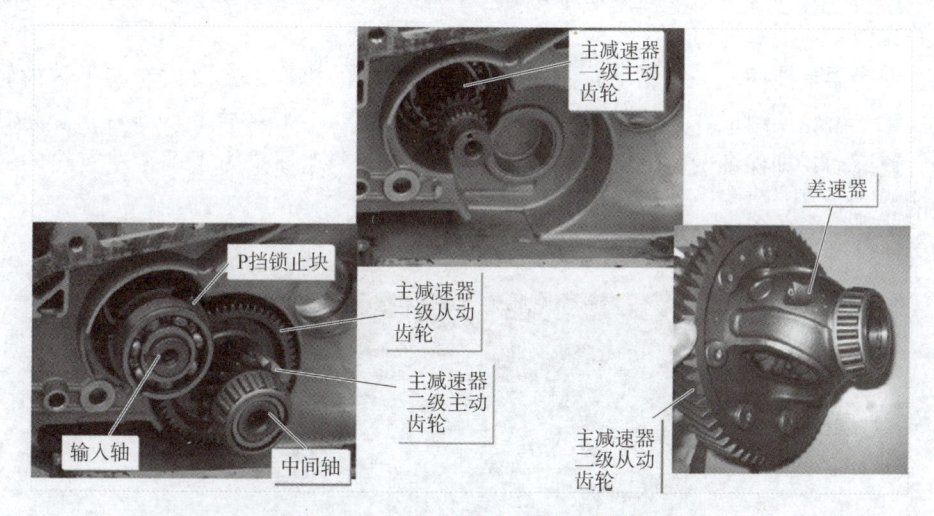

图 4-1-3 减速器齿轮组与齿轮轴

3. 驱动电机减速器的原理

（1）驱动电机减速器原理。

驱动电机减速器将电动机产生的动力通过齿轮传动达到减速增扭的目的。驱动电机的动力传递到减速器输入轴，通过输入轴上齿数少的齿轮啮合输出轴上齿数多的齿轮，改变传动比，经过一级减速和二级减速后，传递到差速器，然后由差速器经左右半轴传递到左右车轮，完成动力的传递。同时通过内部的差速器实现左右车轮以不同的转速旋转，满足汽车转弯等工况。

（2）动力传动路线。

减速器动力传动机械部分的动力传递路线为：驱动电机→输入轴→输入轴轴齿→中间

轴齿轮→中间轴轴齿→差速器半轴齿轮→左右半轮→左右车轮，如图4-1-4所示。

北汽EV200

驱动电机 ⟶ 输入轴 ⟶ 输入轴轴齿 ⟶ 中间轴齿轮
左右车轮 ⟵ 左右半轴 ⟵ 差速器半轴齿轮 ⟵ 中间轴轴齿

图4-1-4 减速器动力传递路线

常见的减速器的减速比或者是传动比，有8.28∶1，7.793∶1，8.193 8∶1。以宝马i3的减速器为例，减速器的传动比为9.7∶1，也就是说减速器输入端的转速是减速器输出端的9.7倍，减速器的输入端与电机输出轴相连，减速器的输出端与差速器壳体固定连接在一起，并驱动差速器。

汽车差速器是能使左、右驱动轮实现不同转速转动的机构，主要由左右半轴齿轮、两个行星齿轮及齿轮架组成。其功用是当汽车转弯行驶或在不平路面上行驶时，使左右车轮以不同转速滚动，即保证两侧驱动车轮作纯滚动运动。差速器是为了调整左右轮的转速差而装置的。

如图4-1-5所示是差速器结构图。

图4-1-5 差速器结构图

任务工单

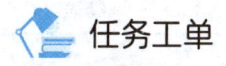

工单1　驱动电机减速器的结构与原理

学生姓名		班级		学号	
实训场地		日期		车型	
任务要求	（1）能描述驱动电机减速器的工作原理； （2）能识别驱动电机减速器部件					
相关信息	（1）新能源汽车驱动电机减速器的作用是降低_____，增加_____。 （2）减速器介于_____和_____之间，驱动电机的动力输出轴通过花键直接与减速器输入轴齿轮连接。 （3）目前大部分纯电动汽车动力传递采用电机匹配_____的架构。 （4）减速器结构一般包括中间轴输入齿轮、_____、驻车棘爪、_____、输出轴齿轮和差速器等。 （5）差速器的作用是_____。					
计划与决策	请根据任务要求，确定所需要的场地和物品，并对小组成员进行合理分工，制订详细的工作计划。 1. 人员分工 小组编号：_____，组长：_____ 小组成员：_____ 我的任务：_____ 2. 准备场地及物品 检查并记录完成任务需要的场地、设备、工具及材料。 （1）场地。 检查工作场地是否清洁及存在安全隐患，如不正常，请汇报老师并及时处理。 （2）设备及工具。 检查防护设备和工具：_____ _____ 记录操作过程中使用的设备及工具：_____ _____ （3）安全要求及注意事项。 1）实训汽车停在实训工位上，没有经过老师批准不准起动，经老师批准起动，首先应检查车轮的安全顶块是否放好，手制动是否拉好，排挡杆是否放在P挡（A/T），车前是否没有人； 2）禁止触碰任何带安全警示标示的部件； 3）当拆卸或装配高压配件时，需断开12 V电源，并进行高压系统断电； 4）在安装和拆卸过程中，应防止制动液、冷却液等液体进入或飞溅到高压部件上； 5）实训期间禁止嬉戏打闹。					

续表

计划与决策	3. 制订工作方案 根据任务，小组进行讨论，确定工作方案（流程/工序），并记录。 _____ _____ _____ _____
实施与检查	（1）识别驱动电机减速器的结构组成，并记录。 _____ _____ _____ （2）写出驱动电机减速器动力传递路线。 _____ _____ _____ _____
评估	（1）请根据自己任务完成的情况，对自己的工作进行自我评估，并提出改进意见。 _____ （2）评分（总分为自我评价、小组评价和教师评价得分值的平均值）。 自我评价：_____ 小组评价：_____ 教师评价：_____ 总　　分：_____

任务 2　驱动电机减速器的检测

任务目标

知识目标
（1）掌握驱动电机减速器的结构；
（2）掌握驱动电机减速器的原理。

能力目标
（1）能正确进行驱动电机减速器的维护；
（2）能进行驱动电机减速器检测。

素养目标
（1）培养学生认真学习、不断探索的精神；
（2）培养学生爱岗敬业的职业精神。

任务描述

小李经培训考核后入职一家电动汽车 4S 店，现接到任务需要进行驱动电机减速器的检测，小李应该如何准备呢？

知识链接

1. 减速器保养

通常，在汽车行驶 3 000 km 或 3 个月后需要对减速器进行保养，更换润滑油。
减速器保养里程参考表如表 4-2-1 所示。

表 4-2-1　减速器保养里程参考表

里程/km	1万	2万	3万	4万	5万	6万	7万	8万
月数	6	12	18	24	30	36	42	48
方法	B	H	B	H	B	H	B	H
备注	B：维护保养检查必要时更换润滑油；H：更换润滑油（行驶满 2 万 km 必须更换）							

2. 检查与维护

刘先生驾驶的比亚迪 e5 近期发现减速器部件附近有油渍现象，现入 4S 店维护，作为技术员，请你根据维修手册及技术标准完成对减速器的检查与维护。

（1）准备工作。
1）专用工具的准备。
① 检修仪器：配备有专门的检修仪器。

② 常用仪表：如电压表、欧姆表、绝缘测试仪等。
③ 专用工具：如螺丝刀、扳手等，常用工具必须有绝缘措施。
④ 常用物料：如绝缘胶带、扎带等。
2）个人防护。
电动汽车使用高压电路，在检修前必须做好以下个人防护措施：
① 佩戴绝缘手套。
② 穿防护鞋、工作服等。
③ 手腕、身上不能佩戴金属物件，如金银手链、戒指、手表、项链等物品。

（2）操作步骤。
1）检查减速器外观。
① 检查并清洁减速器的外观。
② 检查减速器是否有磕碰，有无明显损坏、瑕疵。
③ 检查减速器油封有无损坏，各部位应无漏油和渗油的迹象。
如图 4-2-1 所示是减速器漏油示例图。
2）检查紧固减速器螺栓。
减速器通过 10 颗螺栓与驱动电机连接，拧紧力矩为 25 N·m。与车身连接的螺栓拧紧力矩为 45 N·m。
如图 4-2-2 所示是驱动电机连接螺栓，如图 4-2-3 所示是车身连接螺栓。

图 4-2-1　减速器漏油示例图

图 4-2-2　驱动电机连接螺栓

图 4-2-3　车身连接螺栓

3）检查减速器半轴防尘罩密封情况。
检查减速器半轴防尘罩有无破损、润滑脂泄漏，防尘罩卡箍有无松动情况。如图 4-2-4 所示是减速器半轴防尘罩。
4）检查和更换减速器润滑油。
检查减速器润滑油的方法如下：

项目四 驱动电机减速器结构与检修

图 4-2-4 减速器半轴防尘罩

将车辆水平放置,并让减速器内部的油冷却,拆卸油位螺栓并检查油位。若减速器油面与油位螺栓齐平,说明油位正常,否则,应补加规定的润滑油。

更换减速器润滑油的方法如下:
① 下电,水平举升车辆。
② 拆下减速器放油螺塞,排放废油。
如图 4-2-5 所示是减速器放油螺塞。

图 4-2-5 减速器放油螺塞

③ 将放油螺塞涂少量密封胶,并按规定力矩拧紧。
④ 拆下油位螺塞、进油螺塞。
⑤ 按规定型号加注润滑油至规定油量。
5)检查减速器是否有异响。
检查运行车辆减速器是否有异常噪声,若有,则做进一步拆解检查。

3. 减速器常见故障及维修方法
(1)减速器噪声过大或异响。
可能的原因:
1)缺油,润滑不良;
2)齿轮油黏度低;
3)齿面损伤或磨损过大造成齿侧间隙过大;

· 163 ·

4）轴承损坏；

5）减速器箱体受压或撞击变形；

6）若转弯时噪声增大或声音异常，为减速器内齿轮啮合不良、受阻、磨损、缺油等。

维修方法：更换减速器。

（2）电机转车轮不转。

可能的原因：

1）齿轮组合件配合过松打滑；

2）减速器内的行星齿轮啮合不良（磨损过大）；

3）行星齿轮轴断裂；

维修方法：更换减速器。

（3）减速器漏油。

1）从电机端漏油。

可能的原因：

① 油封紧箍弹簧掉出；

② 油封主唇破损或磨损。

维修方法：更换油封。

2）减速箱体盖之间的端面漏油。

可能的原因：

① 箱体之间的衬垫损坏；

② 箱体或箱盖端面不平整，有凸点；

③ 箱体或箱盖扭曲变形；

④ 箱体之间的固定螺栓松动。

维修方法：更换减速器壳体。

3）半轴接合处漏油。

可能的原因：

跟半轴配合的骨架油封损坏。

维修方法：更换油封。

任务工单

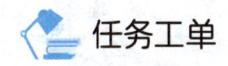

工单 2 驱动电机减速器的检测

学生姓名		班级		学号	
实训场地		日期		车型	

任务要求	（1）能正确进行驱动电机减速器的维护； （2）能进行驱动电机减速器检测
相关信息	（1）驱动电机减速器的检测项目有哪些？ _____ _____ _____ （2）驱动电机减速器常见故障有哪些？ _____ _____ _____ _____
计划与决策	请根据任务要求，确定所需要的场地和物品，并对小组成员进行合理分工，制订详细的工作计划。 1. 人员分工 小组编号：_____，组长：_____ 小组成员：_____ 我的任务：_____ 2. 准备场地及物品 检查并记录完成任务需要的场地、设备、工具及材料。 （1）场地。 检查工作场地是否清洁及存在安全隐患，如不正常，请汇报老师并及时处理。 记录：_____ _____ （2）设备及工具。 检查防护设备和工具：_____ _____ 记录操作过程中使用的设备及工具：_____ _____ （3）安全要求及注意事项。 1）实训汽车停在实训工位上，没有经过老师批准不准起动，经老师批准起动，首先应检查车轮的安全顶块是否放好，手制动是否拉好，排挡杆是否放在 P 挡（A/T），车前是否没有人；

续表

计划 与 决策	2）禁止触碰任何带安全警示标示的部件； 3）当拆卸或装配高压配件时，需断开 12 V 电源，并进行高压系统断电； 4）在安装和拆卸过程中，应防止制动液、冷却液等液体进入或飞溅到高压部件上； 5）实训期间禁止嬉戏打闹。 3. 制订工作方案 根据任务，小组进行讨论，确定工作方案（流程/工序），并记录。 _____ _____ _____ _____
实施 与 检查	（1）检查驱动电机减速器油液液位和油质。 _____ _____ （2）检查驱动电机减速器有无泄漏。 _____ _____ （3）更换驱动电机减速器油液。 _____ _____ （4）检查、清洗和测量驱动电机减速器壳体，齿轮传动机构，差速器总成、差速器轴承、差速器壳体和驻车电机等。 _____ _____ _____
评估	（1）请根据自己任务完成的情况，对自己的工作进行自我评估，并提出改进意见。 _____ （2）评分（总分为自我评价、小组评价和教师评价得分值的平均值）。 自我评价：_____ 小组评价：_____ 教师评价：_____ 总　　分：_____

项目小结

（1）目前电动汽车动力传递大多采用驱动电机匹配减速器的架构。

（2）驱动电机减速器将电动机产生的动力通过齿轮传动达到减速增扭的目的。

（3）减速器由减速器箱体、输入轴组件、中间轴组件、差速器组件等组成。

（4）减速器的检查：检查减速器外观，检查紧固减速器螺栓，检查减速器半轴防尘罩密封情况，检查和更换减速器润滑油。

（5）减速器常见故障：减速器噪声过大或异响，电机转车轮不转，减速器漏油等。

项目五

驱动电机热管理系统结构与检修

随着全球环境和能源问题的日益严峻,新能源汽车已成为汽车工业发展的必然趋势。新能源汽车和传统汽车相比,较大的不同在于动力系统,新能源汽车通过电池给电动机供电使车辆运行。然而,电机在工作过程中会产生大量热量,必须通过冷却系统来控制温度以维持电动机的良好工作状态。本项目主要围绕驱动电机热管理系统的功用组成以及检测维修等内容进行学习。

任务 1　驱动电机热管理系统结构与原理

任务目标

知识目标
（1）掌握热管理系统作用；
（2）掌握热管理系统类型。

能力目标
（1）能识别驱动电机热管理系统冷却部件；
（2）能描述水冷系统的结构与原理。

素养目标
（1）培养学生创新意识；
（2）培养学生独立思考的能力。

任务描述

小李经培训考核后入职一家电动汽车 4S 店，经理让他分享整车驱动电机热管理系统相关知识，如果你是小李，你该如何讲解？

知识链接

1. 热管理系统作用

新能源汽车的驱动电机和电机控制器在运行过程中会产生大量的热，这些热量会对驱动系统的正常工作和使用寿命造成不良影响。一方面，电机在运行过程中产生的热对电机的物理、电气和力学特征有重要的影响，当温度上升到一定程度时，电机的绝缘材料会发生本质的变化，最终使其失去绝缘能力；另一方面，随着电机温度的升高，电机中的金属构件强度、硬度也会逐渐下降。

由电子元器件构成的电机控制器同样会由于温度过高而导致电子器件性能下降，出现不利影响，如温度过高会导致半导体结点、电路损害，增加电阻，甚至烧坏元器件。为保证电驱系统在运行过程中所产生的热能能够及时散发出去，需要对电机驱动系统中的驱动电机和电机控制器进行冷却，以确保它们在适宜的温度范围内工作。

如图 5-1-1 所示是新能源汽车工作中产生的热量。

2. 热管理系统类型

驱动电机热管理系统主要是对电机进行冷却，使其能够安全可靠运行。随着对驱动电机热管理系统要求的提高，目前，针对电机的冷却方式，依据其介质不同，可分为风冷和液冷（水冷/油冷）。

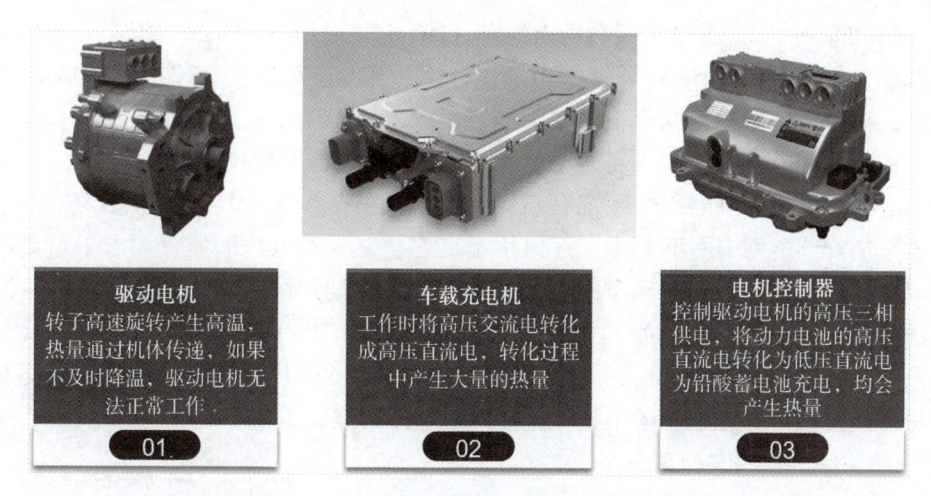

驱动电机	车载充电机	电机控制器
转子高速旋转产生高温，热量通过机体传递，如果不及时降温，驱动电机无法正常工作。	工作时将高压交流电转化成高压直流电，转化过程中产生大量的热量。	控制驱动电机的高压三相供电，将动力电池的高压直流电转化为低压直流电为铅酸蓄电池充电，均会产生热量。
01	02	03

图 5-1-1　新能源汽车工作中产生的热量

（1）风冷。

以空气为冷却介质的冷却系统称为风冷。风冷主要是通过自带同轴风扇来形成内风路循环或外风路循环，通过风扇产生足够的风量，以带走电机所产生的热量。冷却介质为电机周围的空气，空气直接送入电机内，吸收热量后向周围环境排出。

其特点是结构简单，不用设计独立的冷却零件，维护方便且成本低，但也有缺点，如散热效果和效率都不太好，工作可靠性差，对天气和环境的要求较高。

为保证足够的散热量需求，驱动电机需要增大与气流的接触面积，导致电机体积和成本增加；由于驱动电机在车辆上使用时，对应的工况较为复杂，风冷无法在各工况下保持所需的散热量，因此仅在热负荷小的小型车驱动电机或辅助电机采用风冷。

（2）水冷。

以冷却液为冷却介质的冷却系统称为水冷。相比风冷，液体具有更高的比热，且可以根据需要主动调节系统温度，因此液冷稳定性更高，可迅速带走热量，实现温度的快速降低，以提高电机的效率和寿命。新能源汽车的水冷散热系统通过内置的水路管道，将冷却液引入电机内部，通过散热器和电子风扇的协同作用，实现高效冷却。这一系统主要包括水箱散热器、电子风扇、电控系统和电动水泵等核心部件，每个部件的协同运作确保了电机的持续高效运行。

其特点是有较好的冷却介质，具有很大的比热和导热系数，价廉、无毒、不助燃、无爆炸危险，可提高材料的利用率；缺点是对水道的密封性和耐腐蚀性要求非常严格，在冬天必须添加防冻液。

目前发展状况：国内新能源汽车技术路线主要采用水冷方式，通过布置在电动机壳体内的水道，将冷却液引入并将电动机工作时产生的热量带走，以确保电动机在高效率区间运行，同时保证电机的润滑和绝缘。

（3）油冷。

油具有局部不导磁、不易燃、不导电、导热好的特性，对电机磁路无影响，散热效率高，国内外一些研究机构及企业大力发展喷油冷却方式，对电机绕组端部实现喷油冷却。

其特点是：绝缘性能良好，机油沸点比水高，不易沸腾；凝点比水低，不易结冰；可分为直接油冷和间接油冷，在油电混合动力汽车（Hybrid Electric Vehicle，HEV）/插电混合动汽车（Plug-in Hybrid Electric Vehicle，PHEV）上多采用与发动机、变速箱集成的油冷电机。

油冷系统可省去电机与变速箱之间的油封，或采用寿命更高的油润滑轴承，以提高使用寿命。目前油冷电机生产成本高、设备折旧费用高，还有待新技术突破。

驱动电机及电机控制器冷却系统有不同种类，可根据车辆的具体要求确定冷却系统的类型。若车辆安装空间自由度较大，通风情况良好，对驱动电机的质量要求不苛刻的情况下，可以选择风冷系统。若车辆空间有限，为了节约空间、缩小驱动电机的体积、减小驱动电机的质量，一般采用水冷的方式。目前多数电动汽车采用液体循环散热，主要是依靠冷却水泵运转带动冷却液循环流动，带走电动机与控制器的热量，通过散热器和冷却风扇与环境进行热交换。保证电驱动系统在正常温度范围内准确工作。

3. 水冷系统的结构与原理

（1）组成。

大部分电动汽车的电驱系统冷却都是水冷，通过冷却液的循环对电机控制器、车载充电机、驱动电机等提供冷却。

水冷系统由电动水泵、膨胀罐、散热器、电动风扇等组成。

如图 5-1-2 所示是水冷系统部件图。

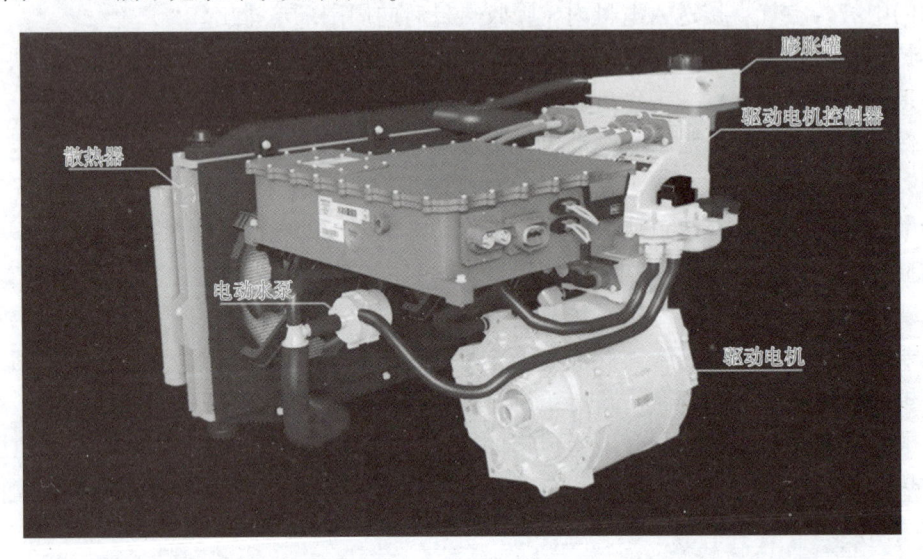

图 5-1-2 水冷系统部件图

（2）冷却部件。

1）电动水泵。

电动水泵（见图 5-1-3）主要是对冷却液进行加压，保证其在冷却系统中能够不间断地循环流动。电动水泵由低压电路驱动，为冷却液的循环提供压力。电动水泵是整个冷却系统中唯一的动力元件。电动水泵根据电机系统各发热零部件的冷却需求对水泵转速进行调节。

电动水泵由电刷架、电刷、转子、叶轮、外壳等组

图 5-1-3 电动水泵

成，工作时由电机带动叶轮旋转，使液体压力升高，由此带动水、冷却液等液体进行循环，从而实现冷却液散热。

2）膨胀罐。

膨胀罐（见图5-1-4）是一个透明塑料罐，类似前风窗玻璃清洗剂罐。膨胀罐通过水管与散热器连接。膨胀罐的作用是为冷却系统冷却液的排气、膨胀和收缩提供受压容积，同时也作为冷却液加注口。

随着冷却液温度逐渐升高并膨胀，部分冷却液因膨胀而从散热器和驱动电机中流入膨胀罐。散热器和液道中滞留的空气也被排入膨胀罐。

车辆停止后，冷却液自动冷却并收缩，先前排出的冷却液则被吸回散热器。从而使散热器中的冷却液一直保持在合适的液面，提高冷却效率。

图 5-1-4 膨胀罐

当冷却系统处于冷态时，冷却液面应保持在膨胀罐的最低和最高标记之间。

3）散热器。

散热器（见图5-1-5）一般为两端带有注塑水箱的铝制横流液式散热器。汽车散热器大多安装在风扇前方，其功用是增大散热面积，加速冷却液的冷却。

散热器工作原理：空气从散热器芯外面通过，冷却液在散热器芯内流动，冷空气将冷却液散在空气中的热量带走。

为了将散热器传出的热量尽快带走，冷却风扇总成安装在机舱内散热器的后部，与散热器配合工作，这样可增加散热器和空调冷凝器的通风量，从而有助于加快车辆低速行驶时的冷却速度。

4）电动风扇。

电动风扇位于散热器的内侧，主要由冷却风扇（见图5-1-6）、导风罩和电动机等组成。电动风扇可提高散热器芯的空气流速，增强散热器的散热功能，加速冷却液的冷却。电动风扇由整车控制器控制，驱动电机和电机控制器的温度都会影响电动风扇的转速。

图 5-1-5 散热器　　图 5-1-6 冷却风扇

（3）冷却路线。

如图 5-1-7 所示是吉利帝豪 EV300 水冷系统的冷却路线图。

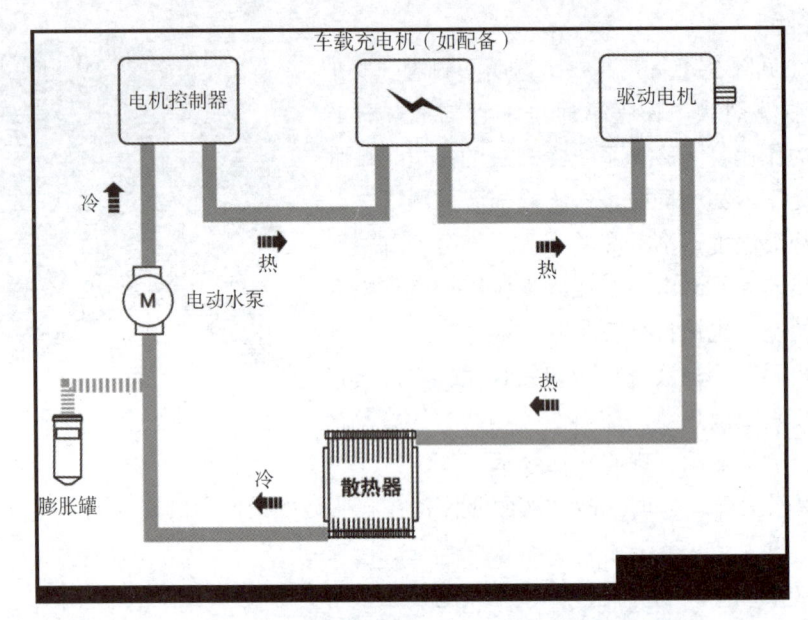

图 5-1-7　吉利帝豪 EV300 水冷系统的冷却路线图

冷却路线为：散热器—电动水泵—电机控制器（DC/DC）—车载充电机—驱动电机，电机流出的较高温度冷却液通过散热器与空气进行热交换降温，经过降温的冷却液再流经散热部件，达到冷却的目的。

（4）水冷系统原理。

电动水泵将储液罐中的冷却液泵入电机控制器，冷却液对电机控制器进行冷却后从出水口流入驱动电机外壳水套，吸收驱动电机的热量后冷却液随之升温，随后冷却液从驱动电机的出水口流出，经过冷却管路流入散热器，在散热器中冷却液通过流过散热器周围的空气散热而降温，最后冷却液经散热器出水软管返回电动水泵进行往复循环。

（5）水冷系统控制策略。

水泵及风扇的开起与停止都由 VCU 进行控制，电机控制器的温度、驱动电机的温度及车载充电机的温度都被采集并被送到 VCU 内，VCU 据此判断部件的冷却需求。

冷却系统散热器风扇采用双风扇高低速的控制模式，通过两个不同的电机驱动扇叶。冷却风扇由 VCU 通过冷却风扇低速继电器和冷却风扇高速继电器直接控制，在低速电路中，采用串联调速电阻的方式来改变风扇的转速。

VCU 通过 CAN 总线接收车载充电机和电机控制器的温度信息后，控制电动冷却水泵在需要的时候开起。

如图 5-1-8 所示是水冷系统控制策略图。

冷却液泵控制：起动车辆时电动冷却液泵开始工作（即仪表显示 READY）。

电机温度控制：驱动电机的温度传感器将驱动电机温度传送给 VCU，当检测到电机的温度为 45~50 ℃时，VCU 控制冷却风扇低速起动；当检测到驱动电机温度≥50 ℃时，VCU 控制冷却风扇高速起动；当检测到驱动电机温度降至 40 ℃时，VCU 控制冷却风扇停止工作。

· 174 ·

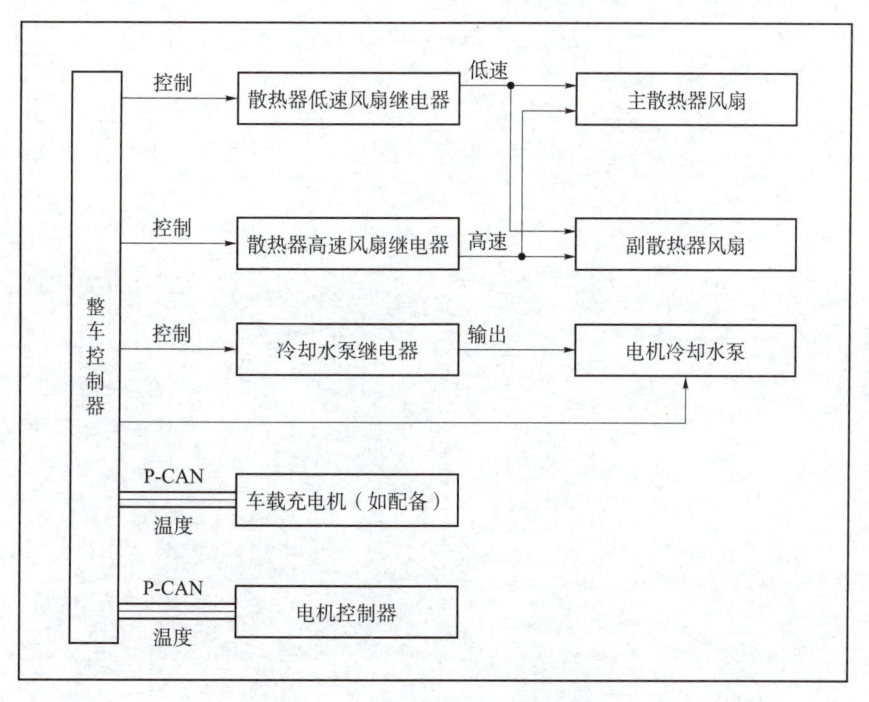

```
                控制        ┌──────────────────┐  低速   ┌──────────────┐
            ┌─────────────→│ 散热器低速风扇继电器 │────────→│  主散热器风扇  │
            │              └──────────────────┘    │    └──────────────┘
            │                                      │
            │   控制       ┌──────────────────┐  高速│   ┌──────────────┐
            ├─────────────→│ 散热器高速风扇继电器 │────┴───→│  副散热器风扇  │
   ┌────┐   │              └──────────────────┘        └──────────────┘
   │整车│   │   控制       ┌──────────────┐   输出   ┌──────────────┐
   │控制│───┼─────────────→│  冷却水泵继电器 │─────────→│  电机冷却水泵  │
   │器  │   │              └──────────────┘          └──────────────┘
   └────┘   │
            │  P-CAN      ┌──────────────────┐
            ├═════════════│ 车载充电机（如配备） │
            │  温度       └──────────────────┘
            │
            │  P-CAN      ┌──────────────┐
            ├═════════════│   电机控制器   │
               温度       └──────────────┘
```

图 5-1-8　水冷系统控制策略图

电机控制器温度控制：电机控制器的温度传感器将电机控制器散热基板的温度信号传送给 VCU，当检测到电机控制器散热基板的温度≥75 ℃时，VCU 控制冷却风扇低速起动；当检测到电机控制器散热基板的温度≥80 ℃时，VCU 控制冷却风扇高速起动；当检测到电机控制器散热基板温度降至 75 ℃时，VCU 控制冷却风扇停止工作。

驱动电机系统冷却系统使用电动水泵提高冷却液的压力，强制冷却液在电动水泵、驱动电机、电机控制器、散热器之间循环流动，即驱动电机系统采用强制循环式水冷却，由电动水泵提供循环动力。

任务工单

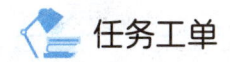

工单 1　驱动电机热管理系统结构与原理

学生姓名		班级		学号	
实训场地		日期		车型	
任务要求	（1）能识别驱动电机热管理系统冷却部件； （2）能描述水冷系统的结构与原理				
相关信息	（1）电机的冷却方式分为_____和_____。 （2）电动水泵的作用是_____。 （3）水冷系统的冷却部件包含_____、_____、_____、_____等。 （4）水泵及风扇的开启与停止由_____控制的。 （5）热管理系统作用为_____ _____				
计划与决策	请根据任务要求，确定所需要的场地和物品，并对小组成员进行合理分工，制订详细的工作计划。 1. 人员分工 小组编号：_____，组长：_____ 小组成员：_____ 我的任务：_____ 2. 准备场地及物品 检查并记录完成任务需要的场地、设备、工具及材料。 （1）场地。 检查工作场地是否清洁及存在安全隐患，如不正常，请汇报老师并及时处理。 记录：_____ _____ （2）设备及工具。 检查防护设备和工具：_____ _____ 记录操作过程中使用的设备及工具：_____ _____ （3）安全要求及注意事项。 1）实训汽车停在实训工位上，没有经过老师批准不准起动，经老师批准起动，首先应检查车轮的安全顶块是否放好，手制动是否拉好，排挡杆是否放在P挡（A/T），车前是否没有人； 2）禁止触碰任何带安全警示标示的部件； 3）当拆卸或装配高压配件时，需断开12 V电源，并进行高压系统断电； 4）在安装和拆卸过程中，应防止制动液、冷却液等液体进入或飞溅到高压部件上； 5）实训期间禁止嬉戏打闹。				

· 177 ·

续表

计划 与 决策	3. 制订工作方案 根据任务，小组进行讨论，确定工作方案（流程/工序），并记录。 _____ _____ _____ _____
实施 与 检查	（1）实车上找出驱动电机热管理系统各部件，并说明其功用。 _____ _____ _____ （2）写出驱动电机冷却路线。 _____ _____ _____ _____
评估	（1）请根据自己任务完成的情况，对自己的工作进行自我评估，并提出改进意见。 _____ _____ （2）评分（总分为自我评价、小组评价和教师评价得分值的平均值）。 自我评价：_____ 小组评价：_____ 教师评价：_____ 总　　分：_____

任务2　驱动电机热管理系统检修

任务目标

知识目标
（1）掌握热管理系统组成结构；
（2）掌握冷却系统的结构与原理。

能力目标
（1）能进行冷却液的更换；
（2）能检查驱动电机冷却液液位、冰点；
（3）能更换驱动电机冷却部件。

素养目标
（1）培养学生的安全意识；
（2）培养学生实践动手能力。

任务描述

小张在一家新能源汽车4S店工作，现接到任务，需要完成驱动电机热管理系统的检修，小张应该如何操作呢？

知识链接

1. 冷却系统的维护

（1）冷却系统管路基本检查。
1）检查冷却系统管路是否破损和变形。
2）连接状况检查。
①检查冷却系统管路连接卡箍是否松动。
②晃动冷却系统管路，检查连接是否可靠。
③检查连接处是否存在明显漏水现象。
（2）冷却液液面的检查。

冷却液又称防冻液，是水与添加剂的混合物。冷却液可以防腐蚀、防水垢和防冻结。为了适应冬季行车的需要，冷却液中需要加入防冻剂，以防止循环冷却液的冻结。最常用的防冻剂是乙二醇，冷却液中水与乙二醇的比例不同，其冰点也不同。加入防冻剂不仅可以降低冰点，同时也提高了冷却液的沸点。防冻剂中通常含有防锈剂和泡沫抑制剂，除此之外，防冻剂中还要加入着色剂，使冷却液呈蓝绿色或红色以便识别。

驱动电机冷却系统储液罐位于发动机舱内，根据厂家要求每个保养周期都要检查液面高度，不同的车厂对冷却液的更换周期有所差异，一般是两年或者是4万km换一次。添加冷却液时应该在车辆处于冷态时添加，注意避免烫伤。一般使用厂家推荐的冷却液，不可使用清水代替冷却液。

检查散热器储液罐内冷却液的液位，应确认其是否处于上限（MAX）与下限（MIN）刻度线之间，如果低于下限刻度线，则应添加冷却液。

如图 5-2-1 所示是冷却液位置。

图 5-2-1　冷却液位置

（3）冷却液质量的检查。

冷却液质量不符合要求，特别是在冬天气温低的情况下，极易造成系统部件损坏，其原因是：水的冰点为 0 ℃，外界气温会使水结冰而膨胀，从而导致水箱冻裂，水泵无法工作，而水道内的冰会直接影响新能源汽车运转，因此，在冬天保养汽车冷却系统时，一定要在水箱中加冷却液且要加优质的冷却液，因为优质的冷却液不仅能防止水结冰，还能防止生锈、结垢，并抑制泡沫产生、消除气阻，抑制铝制部件的点蚀和气蚀，保障水泵正常工作。

2. 冷却系统的检修

（1）车辆故障现象。

车辆行驶几百米以后亮功率降低指示灯和电机及控制器过热灯，踩油门无动力。

（2）故障排查。

1）用诊断仪读取故障信息（见图 5-2-2），故障码 P102904：电机控制器故障等级 1（限功率）。故障码 P102C04：电机属于限功率状态。故障码 P112B00：DBC 过温检测。故障码 P0A9300：冷却液过温故障。

2）打开前机舱盖，用手触摸电机控制器（见图 5-2-3），发现电机控制器特别烫手，但冷却液温度不高。

如图 5-2-4 所示是感知冷却液温度。

3）故障分析。

由以上故障现象初步判断有以下 2 种原因。

① 由于控制器温度和膨胀管里冷却液温度相差大，判断可能是由于控制器管及冷却管路堵塞，冷却液不流通造成。

② 电动水泵不工作导致冷却液不流通。（水泵不工作与回路是否连通及冷却水管有空气有关）

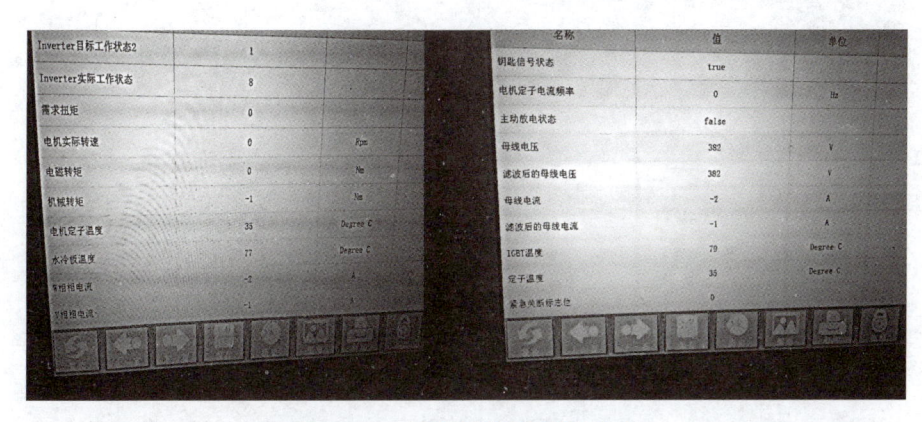

图 5-2-2　用诊断仪读取故障信息

图 5-2-3　用手触摸电机控制器　　　图 5-2-4　感知冷却液温度

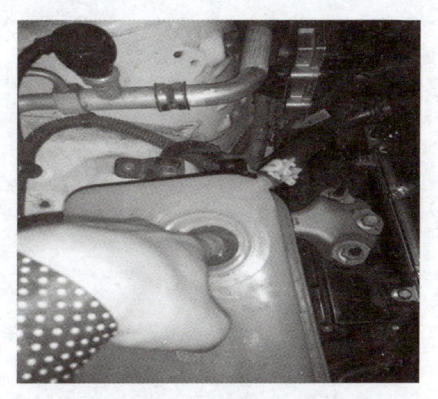

4）检查。

① 检查所有的管路，未发现问题，管路处于接通状态。

② 加水查看水泵能否正常工作，检查水泵电源是否正常。测量水泵电源线束没有问题，水泵工作异常，表现为水泵工作一下就不工作了，短接继电器还是一样，只要供电就工作一下，然后就停止工作，由此判断水泵工作不正常，需要更换水泵。

如图 5-2-5 所示是检查冷却液管路。

图 5-2-5　检查冷却液管路

· 181 ·

任务工单

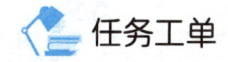

工单 2　驱动电机热管理系统检修

学生姓名		班级		学号	
实训场地		日期		车型	

任务要求	（1）能进行冷却液的更换； （2）能更换驱动电机冷却部件
相关信息	（1）冷却液又称_____，是水与添加剂的混合物。冷却液可以防腐蚀、防水垢和防冻结。 （2）检查散热器储液罐内冷却液的液位，应确认其是否处于_____与_____之间。 （3）冷却系统的温度由_____进行检测。 （4）热管理系统的工作原理是怎样的？ _____ _____
计划与决策	请根据任务要求，确定所需要的场地和物品，并对小组成员进行合理分工，制订详细的工作计划。 1. 人员分工 小组编号：_____，组长：_____ 小组成员：_____ 我的任务：_____ 2. 准备场地及物品 检查并记录完成任务需要的场地、设备、工具及材料。 （1）场地。 检查工作场地是否清洁及存在安全隐患，如不正常，请汇报老师并及时处理。 记录：_____ _____ （2）设备及工具。 检查防护设备和工具：_____ _____ 记录操作过程中使用的设备及工具：_____ _____ （3）安全要求及注意事项。 1）实训汽车停在实训工位上，没有经过老师批准不准起动，经老师批准起动，首先应检查车轮的安全顶块是否放好，手制动是否拉好，排挡杆是否放在 P 挡（A/T），车前是否没有人； 2）禁止触碰任何带安全警示标示的部件； 3）当拆卸或装配高压配件时，需断开 12 V 电源，并进行高压系统断电；

续表

计划与决策	4）在安装和拆卸过程中，应防止制动液、冷却液等液体进入或飞溅到高压部件上； 5）实训期间禁止嬉戏打闹。 3. 制订工作方案 根据任务，小组进行讨论，确定工作方案（流程/工序），并记录。 _____ _____ _____ _____ _____
实施与检查	（1）冷却系统的维护检查。 _____ _____ _____ （2）冷却液面的检查。 _____ _____ _____ （3）冷却液质量检查。 _____ _____ _____ _____
评估	（1）请根据自己任务完成的情况，对自己的工作进行自我评估，并提出改进意见。 _____ _____ _____ （2）评分（总分为自我评价、小组评价和教师评价得分值的平均值）。 　自我评价：_____ 　小组评价：_____ 　教师评价：_____ 　总　　分：_____

项目小结

（1）针对电机的冷却方式，依据其介质不同，可分为风冷和液冷（水冷/油冷），目前大部分新能源汽车采用水冷方式。

（2）冷却系统由电动水泵、膨胀罐、散热器、电动风扇等组成。

（3）水泵及风扇的开启与停止都由整车控制器VCU进行控制。

（4）冷却系统的维护包括冷却管路基本检查、冷却液液面检查、冷却液质量检查等。

（5）电动水泵主要是对冷却液进行加压，保证其在冷却系统中能够不间断地循环流动。

参 考 文 献

[1] 廖辉湘，郭志勇，宇正鑫，等. 新能源汽车构造［M］. 成都：西南交通大学出版社，2023.

[2] 胡萍，余朝宽，鄢真真，等. 新能源汽车概论［M］. 重庆：重庆大学出版社，2021.

[3] 余志生. 汽车理论［M］. 4版. 北京：机械工业出版社，2006.

[4] 陈家瑞. 汽车构造［M］. 5版. 北京：机械工业出版社，2009.

[5] 胡允达，雷跃峰，王辉. 汽车新能源运用技术［M］. 长春：吉林大学出版社，2017.

[6] 李仕生，张科. 新能源汽车驱动电机及控制系统检修［M］. 北京：机械工业出版社，2022.

[7] 何忆斌，侯志华. 新能源汽车驱动电机技术［M］. 北京：机械工业出版社，2021.

[8] 赵振宁. 新能源汽车电机及电机控制系统原理与检修［M］. 北京：北京理工大学出版社，2019.

[9] 张之超. 新能源汽车驱动电机与控制技术［M］. 北京：北京理工大学出版社，2016.

[10] 张舟云，贡俊. 新能源汽车电机技术与应用［M］. 上海：上海科学技术出版社，2012.

[11] 陈新，潘天堂. 新能源汽车技术［M］. 南京：南京大学出版社，2019.

[12] 何洪文，熊瑞. 电动汽车原理与构造［M］. 北京：机械工业出版社，2018.

[13] 严朝勇. 电动汽车电机控制与驱动技术［M］. 北京：机械工业出版社，2018.